STUD BOOK FRANÇAIS

REGISTRE

DES

CHEVAUX DE DEMI-SANG

NÉS ET IMPORTÉS EN FRANCE

SECTION BRETONNE

TOME III. — ÉTALONS

(1898-1905)

Les renseignements contenus dans ce volume
ont été arrêtés au 31 décembre 1905.

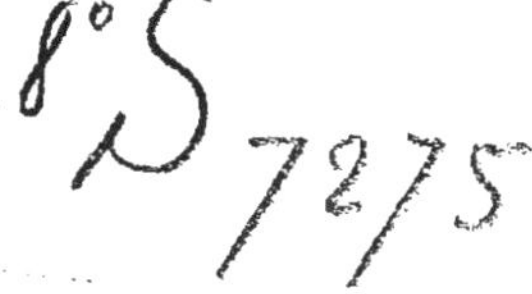

STUD BOOK FRANÇAIS

REGISTRE

DES

CHEVAUX DE DEMI-SANG

NÉS ET IMPORTÉS EN FRANCE

Publié par ordre de M. le Ministre de l'Agriculture.

SECTION BRETONNE

TOME III. — ÉTALONS

(1898-1905)

Prix : 3 Francs

PARIS

EN VENTE A L'IMPRIMERIE KUGELMANN

12, Rue de la Grange-Batelière, 12

—

1906

Reproduction interdite.

RÉPUBLIQUE FRANÇAISE

Paris, le 30 avril 1887.

RAPPORT

A MONSIEUR LE MINISTRE DE L'AGRICULTURE

Monsieur le Ministre,

L'Administration des Haras a reconnu de tout temps la nécessité de tenir grand compte, dans les accouplements, de l'origine et de la généalogie des étalons et des juments livrés à la reproduction. Elle a toujours considéré que l'adoption de ce principe était la base la plus sûre pour poursuivre utilement l'amélioration des races chevalines.

Dès 1833, elle provoquait une ordonnance « portant établissement d'un registre matricule pour l'inscription des chevaux de race pure existant en France (*Stud Book français*) et institution d'une Commission spéciale pour la tenue de ce registre ».

Cette publication a été continuée, sans interruption, depuis cette époque, et la Commission instituée par l'ordonnance précitée fonctionne chaque année pour l'examen des titres produits à l'appui des demandes d'inscription. Aucune inscription n'est faite si elle n'a été proposée à M. le Ministre de l'Agriculture par cette Commission.

Parmi les dispositions arrêtées par le Ministre du Commerce (qui avait alors le service des Haras dans ses attributions), sur la proposition de la Commission du registre matricule, pour l'exécution de l'ordonnance du 3 mars 1833, figurait le paragraphe suivant : « Un registre matricule pourra être établi, à l'avenir, pour l'inscription des chevaux provenant du croisement des races pures avec d'autres races, lorsque ce croisement sera parvenu à un degré qui sera ultérieurement déterminé. »

En 1850, la Direction du service fut d'avis que le moment était venu de donner suite à cette disposition spéciale. Des instructions ministérielles en date du 15 juillet de la même année prescrivirent l'ouverture, au dépôt d'étalons de Tarbes, par les soins du personnel de cet établissement, d'un registre matricule pour l'inscription des poulinières d'élite du département des Hautes-Pyrénées et plus particulièrement encore celles de la plaine de Tarbes, siège de la race bigourdane améliorée.

Ce registre, destiné à constater l'importance de la nouvelle famille, devait en former les archives sommaires et authentiques, et offrir plus tard des matériaux pleins d'intérêt à l'histoire physiologique de la production du cheval dans cette partie de la France.

Les éleveurs, informés du désir qu'avait l'Administration de constater, dans un livre officiel, l'existence des juments de choix, reconnurent l'utilité de ce travail et fournirent, avec empressement, des renseignements pour l'inscription d'un grand nombre d'animaux.

Le travail, complètement terminé dans le courant de 1851, fut livré à l'impression par ordre du Ministre de l'Agriculture et du Commerce à la fin de la même année, sous le titre suivant : *État civil de la race bigourdane améliorée.*

Le 15 juillet 1850, le Directeur du haras du Pin recevait, comme son collègue du dépôt de Tarbes, des instructions ministérielles relativement à la rédaction d'un

Stud Book spécial de la race chevaline normande améliorée. En exécution de ces ordres, des recherches furent faites sans interruption, à partir de cette époque, afin de recueillir tous les documents nécessaires pour mener à bonne fin cette délicate et très difficile mission.

Les renseignements fournis par les éleveurs de la circonscription ont été rapprochés des documents consignés dans les archives du dépôt du Pin et contrôlés avec le plus grand soin. Le travail préparatoire a été terminé le 22 mars 1853, et une décision ministérielle du 19 avril suivant a approuvé les bases adoptées pour sa rédaction.

Le *Stud Book normand*, définitivement clos le 25 juin 1853, contenait 1,196 noms, savoir : 260 étalons, 411 poulinières et 525 produits de divers âges. Il fut adressé à M. le Ministre de l'Agriculture et du Commerce, qui voulut bien faire connaître sa satisfaction au sujet de ce travail.

L'impression de ce document important était admise en principe et annoncée aux éleveurs. Divers motifs en retardèrent la publication, qui fut définitivement ajournée : elle n'a pas été faite au grand regret des intéressés, qui ont été unanimes à reconnaître que cette mesure était très préjudiciable au progrès de l'amélioration de la race chevaline anglo-normande.

Une étude spéciale des origines de la famille chevaline vendéenne a été faite en 1868 et 1869, avec l'autorisation du Ministre, par l'inspecteur général qui était chargé à cette époque de l'arrondissement de l'Ouest.

Ce travail devait se diviser en deux parties : la première contenant le recueil généalogique des étalons employés à la reproduction dans les départements de la Vendée et de la Loire-Inférieure depuis 1839; la seconde était destinée aux poulinières de la même région et à leurs produits. Il était terminé en avril 1869 et soumis à l'Administration supérieure, qui voulut bien l'approuver et en décider la publication.

Le premier volume de l'ouvrage, qui reçut le titre de « chevaux vendéens », a été imprimé dans le cours de cette même année : il contenait l'origine de 369 étalons. Ce livre, tiré à plusieurs centaines d'exemplaires, a été distribué à tous les éleveurs de la région.

Les événements de 1870 ont arrêté la publication du recueil généalogique des poulinières, qui renfermait 257 juments et 158 produits.

L'essor de la production et de l'amélioration des diverses familles de demi-sang, amené par le fonctionnement de la loi organique de 1874 sur les Haras, rend nécessaire la reprise et la continuation de ces registres généalogiques.

Leur établissement a fait l'objet d'un vœu du Conseil supérieur des Haras ; les éleveurs attendent avec impatience cette nouvelle consécration de leurs efforts, et l'Administration des remontes militaires attache à cette œuvre la plus haute importance. Elle a la ferme conviction qu'elle y puisera des renseignements précieux, au point de vue de la production du cheval de guerre, sur les ressources hippiques des grands centres d'élevage de la France.

Les nations voisines se sont depuis longtemps préoccupées de cette question : c'est ainsi que la Prusse a établi un *Stud Book* très intéressant de la race Trakehnen ; que l'Autriche a fondé celui des chevaux de Lippiza ; qu'aux États-Unis la liste complète et spéciale des trotteurs joue un rôle des plus importants, et, enfin, qu'en Angleterre et en Belgique, on a jugé indispensable d'ouvrir des registres pour l'inscription des sujets de races de trait.

Pour maintenir la France à la hauteur de sa prospérité chevaline, j'ai l'honneur de vous prier de vouloir bien décider que les travaux antérieurs seront repris et arrêter que des *Stud Book* spéciaux pour les familles de demi-sang de races améliorées seront établis et continués par les soins de l'Administration des Haras, qui demeurera chargée de les publier, pour les diverses régions, dans des conditions analogues au *Stud Book* des races pures.

Afin d'étudier les meilleures mesures à prendre pour la rédaction de ce travail et dans le but de lui donner une base régulière et uniforme, j'ai l'honneur de vous proposer de former une Commission composée de membres dont les connaissances spéciales permettraient de fixer les diverses conditions à adopter comme point de départ.

Si vous voulez bien approuver le présent rapport, je vous serai obligé de le revêtir de votre signature, ainsi que l'arrêté ci-joint portant formation de la Commission.

Veuillez agréer, Monsieur le Ministre, l'hommage de mon respectueux dévouement.

Le Directeur des Haras,

H. DE CORMETTE.

Approuvé :

Le Ministre,

J. DEVELLE.

ARRÊTÉ

LE MINISTRE DE L'AGRICULTURE,

Vu l'ordonnance du 3 mars 1833, portant établissement d'un registre matricule pour l'inscription des chevaux de race pure ;

Vu le dernier paragraphe de l'arrêté pris par le Ministre du Commerce, en exécution de ladite ordonnance ;

Considérant qu'il y a lieu, par suite, d'ouvrir, pour la conservation des races améliorées de demi-sang dans les centres les plus importants d'élevage, un registre généalogique qui établisse leur confirmation,

ARRÊTE :

ARTICLE PREMIER.

L'Administration des Haras est chargée d'établir, de continuer et de publier des *Stud Book* spéciaux pour les familles de demi-sang.

ART. 2.

(Suit la désignation des membres composant la Commission.)

Paris, le 30 avril 1887.

J. DEVELLE.

DÉCISIONS DE LA COMMISSION

La Commission du *Stud Book* de demi-sang s'est réunie les 27 mai 1887, 13 juin 1890 et 21 avril 1891. Elle a émis les vœux suivants qui ont été adoptés par M. le Ministre, et à la suite desquels des instructions ont été données à MM. les Directeurs des dépôts d'étalons pour l'établissement des inscriptions :

« Il ne sera ouvert qu'un seul *Stud Book* des chevaux de demi-sang. »

« Le *Stud Book* sera divisé en six sections, savoir :
« Section normande.
« Section bretonne.
« Section vendéenne et charentaise.
« Section du Midi.
« Section du Centre.
« Section du Nord et de l'Est. »

« Seront inscrits aux diverses sections du *Stud Book* des chevaux de demi-sang :
« 1º Les animaux qui, nés avant 1882, auront du côté paternel et du côté maternel un ascendant de pur sang ou de demi-sang ;
« 2º Les animaux qui, nés depuis 1882, auront du côté paternel et du côté maternel deux ascendants de pur sang ou de demi-sang. »

« Seront inscrits d'office tous les étalons de demi-sang qui appartiennent ou qui ont appartenu à l'Etat et les étalons approuvés de même catégorie, lors même qu'ils ne rempliraient pas les conditions ci-dessus. »

. . . .

« Les étalons et les juments seront inscrits dans la section du pays où ils produisent.

« Les produits seront inscrits dans la section du pays où ils sont nés. »

. . . .

« Aucun animal ne pourra être inscrit s'il ne porte un nom. »

. . . .

« Les étalons de pur sang qui ont concouru à la formation de la famille seront rappelés dans un appendice placé à la fin du volume.

« Seront également inscrits dans un appendice spécial, les étalons de demi-sang qui ont marqué, avant 1840, dans les fastes de la production chevaline. »

ABRÉVIATIONS

H. N.	Haras nationaux.
Al.	Alezan.
Aub.	Aubère.
B.	Bai.
Bb.	Bai brun.
Bl.	Blanc.
C. L.	Café au lait.
F. P.	Fleur de pêcher.
Gr.	Gris.
Is.	Isabelle.
N.	Noir.
P.	Pie.
Ro.	Rouan.
P. S. A.	Pur-sang anglais.
P. S. Ar.	— arabe.
P. S. A.-A.	— anglo-arabe.
1/2 s.	Demi-sang.
1/2 s. A.	— anglais.
1/2 s. Al.	— allemand.
1/2 s. Am.	— américain.
1/2 s. Ar.	— arabe.
1/2 s. A.-A.	— anglo-arabe.
1/2 s. A.-N.	— anglo-normand.
1/2 s. N.	— normand.
1/2 s. Br.	— breton.
1/2 s. Big.	— bigourdan.
1/2 s. Char.	— charentais.
1/2 s. V.	— vendéen.
1/2 s. L.	— limousin.
1/2 s. M.	— du midi.
1/2 s. Norf.	— norfolk.
1/2 s. Norf-Ang.	— norfolk-anglais.
1/2 s. Norf.-Br.	— norfolk-breton.
1/2 s. R.	— russe.
1/2 s. Orl.	— orloff.
1/2 s. Meck.	— mecklembourgeois.
1/2 s. Carr.	— carrossier.
S.B.F., t. , p.	Stud Book français, tome , page
S.B.A., t. , p.	Stud Book anglais, tome , page
S. R.	Sans renseignements.
S. B. N., t. , p.	Stud Book normand, tome , page
S. B. V., t. , p.	Stud Book vendéen, tome , page
S. B. Br., t. , p.	Stud Book breton, tome , page
S. B. M., t. , p.	Stud Book du midi, tome , page

Nota. — *Le nom qui est inscrit après la date de naissance indique le pays, la région ou le département où est né l'étalon.*

Les dates qui suivent le nom de la circonscription rappellent le temps pendant lequel l'étalon y a fait la monte.

SECTION BRETONNE

Circonscriptions des Dépôts d'Etalons de Lamballe et d'Hennebont.

DÉPARTEMENTS :

Côtes-du-Nord, Finistère, Ille-et-Vilaine, Morbihan

1°

ÉTALONS

NÉS DANS LES CIRCONSCRIPTIONS DE LAMBALLE
ET D'HENNEBONT

ETALONS

Nés dans les Circonscriptions de Lamballe et d'Hennebont.

ACHARD, ex-**PÉCHARD**. — H. N.
Aub. 1900. — Finistère.
Par *Master-Fred*, 1/2. s. Norf.-A., et jument d'origine inconnue.
Hennebont : depuis 1904.

ACIER. — H. N.
Al. 1900. — Bretagne.
Par *Lord-Randy*, 1/2 s. A., et *Suzanne*, par Gaston, 1/2 s. N.
Sa grand'mère : par Amasis, 1/2 s. N.
Lamballe : depuis 1904.

ACOB. — H. N.
Aub. 1900. — Bretagne.
Par *Jacob*, 1/2 s. B.
Lamballe : depuis 1904.

ADONC. — H. N.
Al. 1900. — Bretagne.
Par *Rufus-of-Reedness* ou *Vicomte-Raindy*, 1/2 s. A., et *Lucie*,
par Amasis, 1/2 s. N.
Sa grand'mère : Fanny, par Ino, 1/2 s. N.
Lamballe : depuis 1904.

AMIGNY, ex-**PARTISAN**. — H. N.
Al. 1900. — Finistère.
Par *Partisan*, 1/2 s. Norf.-B., et jument d'origine inconnue.
Hennebont : depuis 1904.

AMOS (approuvé).
M. Perrin (François) (Ille-et-Vilaine).
N. 1900. — Bretagne.
Par *Lord-Dash*, 1/2 s. Norf.-A., et une fille de Lesquivy (trait).
Hennebont : depuis 1904.

ANDORRE. — H. N.
Aub. 1900. — Bretagne.
Par *Naontec*, 1/2 s. B., et *Rosette*, par Cosaque,
1/2 s. **N.**
Sa grand'mère : Lucie, par Lord-of-the-Manor, 1/2 s. A.
Lamballe : depuis 1904.

ANODIN. — H. N.
Ro. 1900. — Bretagne.
Par *The General*, 1/2 s. A., et *Belle-Finne*, par Montmirail,
1/2 s. N.
Sa grand'mère : Fanie, par Banco, 1/2 s. N.
Lamballe : depuis 1904.

ANTRAIN (approuvé). — M. Perrin (Clément)
(Ille-et-Vilaine).
N. 1900. — Bretagne.
Par *Rufus-of-Reedness*, 1/2 s. Norf.-A.
Hennebont : depuis 1904.

APOLOGUE, ex-**SAÜL**. — H. N.
B. 1900. — Finistère.
Par *Hercule*, 1/2 s. Norf.-B., et *Damie*, par Lesneven, 1/2 s. B.
Sa grand'mère : Péchard, par The General, 1/2 s. Norf.-A.
Hennebont : depuis 1904.

APPEAU. — H. N.
Ro. 1900. — Bretagne.
Par *Lord-Randy*, 1/2 s. A., et *Bergère*,
par Amasis, 1/2 s. N.
Sa grand'mère : Minard, par Fire-King, 1/2 s. A.
Lamballe : depuis 1904.

ARA. — H. N.

Ro. 1900. — Bretagne.

Par *Bataille*, 1/2 s. N., ou *Vicomte-Raindy*, 1/2 s. A., et *Mimi*,
par The Général, 1/2 s. A.

Sa grand'mère : par Veneur, 1/2 s. N.

Lamballe : depuis 1904.

ARC. — H. N.

Bb. 1900. — Bretagne.

Par *Hercule*, 1/2 s. B., et *Fanny*, par Amasis, 1/2 s. N.

Lamballe : depuis 1904.

AREC. — H. N.

B. 1900. — Bretagne.

Par *Vicomte-Raindy* 1/2 s. A., et *Suzanne*, par Lenthéric, 1/2 s. B.

Sa grand'mère : par Midlothiun, 1/2 s. A.

Lamballe : depuis 1904.

ARIA, ex-**ALBATRE**. — H. N.

Ro. 1900. — Finistère.

Par *Hercule*, 1/2 s. Norf.-B., et jument d'origine inconnue.

Hennebont : depuis 1904.

ARMORICAIN (approuvé).

M. Priol Toussaint (Finistère).

Al. 1899. — Bretagne.

Par *Jacob*, 1/2 s. B., et une fille de Doryphora (trait).

Hennebont : depuis 1903.

ARTUCHOUX, ex-**VERTUCHOUX**. — H. N.

Al. 1900. — Finistère.

Par *Lord-Randy*, 1/2 s. Norf.-B., et *Velleda*,
par Chambois, P. S. A.

Sa grand'mère : Minette, par Fire-King, 1/2 s. Norf.-A.

Hennebont : depuis 1905.

ASPIC, ex-**ASPIRANT**. — H. N.

B. 1900. — Finistère.

Par *Nicephore*, 1/2 s. Norf.-B., et jument de trait.

Hennebont : depuis 1904.

ASTABUAN. — H. N.
Ro. 1900. — Bretagne.
Par *Naoniec*, 1/2 s. B.
Lamballe : depuis 1904.

ATAO. — H. N.
Ro. 1878. — Côtes-du-Nord.
Par *Corlay*, 1/2 s. B., et *N*., par Emeutier, 1/2 s. N.
Lamballe : 1881-1904. — Réformé le 10 août.

ATTENDS. — H. N.
Aub. 1900. — Bretagne.
Par *Marot*, 1/2 s. N.
Lamballe : depuis 1904.

ATTENTION. — H. N.
N. 1900. — Finistère.
Par *Querrien*, 1/2 s. Norf.-B., ou *Prince-Normand*,
1/2 s. Norf.-A.
Hennebont : depuis 1904.

AURIAC. — H. N.
Aub. 1900. — Bretagne.
Par *Robehomme*, 1/2 s. N.
Lamballe : depuis 1904.

AUVENT, ex-**OCASE**. — H. N.
Gr. 1900. — Finistèce.
Par *Quatrain*, 1/2 s. Norf.-B., et une jument de trait.
Hennebont : depuis 1904.

AVIGNON (approuvé). — M. Jouchet (Morbihan).
B. 1900. — Bretagne.
Par *Vicomte-Raindy*, 1/2 s. Norf.-A.
Hennebont : depuis 1904.

BACOB, ex-**JACOB**. — H. N.
Aub. 1901. — Finistère.
Par *Jacob*, 1/2 s. B., et *Rébus*, par Bitley, 1/2 s. Norf.-A.
Sa grand'mère : par Tout-Juste, 1/2 s. B. (approuvé).
Hennebont : depuis 1905.

BALTHA, ex-**BALTHAZAR**. — H. N.
B. 1901. — Finistère.
Par *Lord-Dash*, 1/2 s. Norf.-A., et *Julie*, par Midlothian,
1/2 s. Norf.-A.
Hennebont : depuis 1905.

BALTHAZAR. — H. N.
Aub. 1891. — Finistère.
Par *Vétéran*, 1/2 s. N., et *Lucie*, par Parfait (trait).
Sa grand'mère : par Fire-King, 1/2 s. A.
Lamballe : 1895-1898. — Réformé le 1er août.

BALZAR, ex-**BALTHAZAR**. — H. N.
Aub. 1901. — Finistère.
Par *Orphée*, trait percheron, et *Cletie*, par Fire-King,
1/2 s. Norf.-A.
Hennebont : depuis 1905.

BAMY, ex-**MAMIE**. — H. N.
B. 1901. — Finistère.
Par *Loriot*, 1/2 s. N., et *Patelineuse*, par Lentheric, 1/2 s. B.
Sa grand'mère : Marocaine, par Vigoureux.
Hennebont : depuis 1905.

BARABAS (approuvé). — M. Belbéoch (Finistère).
Al. 1900. — Bretagne.
Par *Jacob*, 1/2 s. B., et une fille de Doryphora (trait).
Hennebont : depuis 1904.

BARUM, ex-**BARNUM**. — H. N.
N. 1901. — Finistère.
Par *Hercule* 1/2 s. Norf.-B., et *Bataille*, par Bataille, 1/2 s. N.
Sa grand'mère : Lucie, par Sénégal 1/2 s. N.
Hennebont : depuis 1905.

BASSET. — H. N.
Aub. 1901. — Bretagne.
Par *Woodnut*, 1/2 s. A.
Lamballe : depuis 1905.

BARIL. — H. N.
Aub. 1901. — Bretagne.
Par *Nestor*, 1/2 s. B.
Lamballe : depuis 1905.

BAUDOT. — H. N.
N. 1901. — Bretagne.
Par *The Général*, 1/2 s. A., et *Lisette*, par Salses, 1/2 s. N.
Lamballe : depuis 1905.

BAYARD (approuvé). — Mme Ve Roussel (Morbihan).
Al. 1880. — Bretagne.
Par *Santon*, 1/2 s. B., et une fille d'Utin, 1/2 s. B.
Hennebont : 1886-1901.

BEAUCÉRON (approuvé).
M. Rognart (Finistère).
B. 1901. — Bretagne.
Par *Vicomte-Raindy*, ou *Lord Randy*, 1/2 s. Norf.-A.
Hennebont : depuis 1905.

BÉGON. — H. N.
Aub. 1901. — Bretagne.
Par *Jacob*, 1/2 s. B., et *Jannie*, par The Général, 1/2 s. A.
Sa grand'mère : Rouanné, par Old-Times, 1/2 s. A.
Lamballe : depuis 1905.

BEHANZIN (approuvé). M. du Rusquec (Finistère).
Aub. 1901. — Bretagne.
Par *Jacob*, 1/2 s. B., et N., par The Général, 1/2 s. A.
Lamballe : 1905. — Vendu.

BEL-AIR (approuvé). — M. Gonézec (Finistère).
Al. 1901. — Bretagne.
Par *Mouton*, et *Bellone*, par Nectar, 1/2 s. Char.
Hennebont : depuis 1905.

BÉNÉVOL (autorisé). — M. P. Soubigou (Finistère).
N. 1901. — Bretagne.
Par *Magnac* (Trait) et *N.*, par Lolliérou, 1/2 s. B.
Lamballe : depuis 1905.

BIÈS. — H. N.
Al. 1901. — Bretagne.
Par *Denmark-Vigorous*, 1/2 s. A., et *Suzanne*, par Gaston,
1/2 s. B.
Sa grand'mère : Carton, par Amasis, 1/2 s. N.
Lamballe : depuis 1905.

BIROQUE. — H. N.
Al. 1901. — Bretagne.
Par *Rugged-Dane*, 1/2 s. A., et *Lucie*, par Lolliérou, 1/2 s. B.
Sa grand'mère : Cadette, par Jacob, 1/2 s. B.
Lamballe : depuis 1905.

BISKOAS. — H. N.
Aub. 1901. — Bretagne.
Par *Hercule* ou *Lenthéric*, 1/2 s. B., et *Fanny*, par Sir-Richard,
1/2 s. A.
Sa grand'mère : Brune, par Sav-Eve, 1/2 s. A.
Lamballe : depuis 1905.

BLIDAH (approuvé). — M. C. Caill (Finistère).
Gr. 1895. — Bretagne.
Par *Grain-d'Or*, P. S. Ar.
Lamballe : depuis 1899.

BLOCH. — H. N.
Aub. 1894. — Finistère.
Par *Lolliérou*, 1/2 s. B.
Lamballe : depuis 1898.

BLUFF. — H. N.
Al. 1901. — Bretagne.
Par *Marius*, 1/2 s. B.
Lamballe : depuis 1905.

BOHÉMIEN. — H. N.
Ro. 1901. — Bretagne.
Par *Hercule*, 1/2 s. B., et *Régine*, par Amasis, 1/2 s. N.
Sa grand'mère : Noémie, par Hamac, 1/2 s. V.
Lamballe : depuis 1905.

BON-ESPOIR (approuvé).
M. Legeay (Ille-et-Vilaine).
B. 1898. — Bretagne.
Par *Onagre*, 1/2 s. N., et une fille de Bajazet, 1/2 s. N.
Hennebont : depuis 1902.

BONHEUR, ex-**BONHOMME**. — H. N.
Aub. 1901. — Finistère.
Par *The General*, 1/2 s. Norf.-A., et *Rosette*, Kirsch, P. S. A.
Sa grand'mère : Finette, par Senegal, 1/2 s. N.
Hennebont : depuis 1905.

BONNEVENT (approuvé).
M. Roussel (Morbihan).
Al. 1901. — Morbihan.
Par *Dennemark-Vigorous*, 1/2 s. Norf.-A., et une fille
de Lentheric, 1/2 s. B.
Hennebont : depuis 1905.

BONVIN. — H. N.
Ro. 1901. — Bretagne.
Par *Quelnœuc*, 1/2 s. N.
Lamballe : depuis 1905.

BON-VIVANT. — H. N.
N. 1895. — Bretagne.
Par *The Général*, 1/2 s. A.
Lamballe 1899-1903. — Réformé le 29 août.

BOUTON-D'OR (approuvé).
M. Morvan (Finistère).
Al. 1901. — Bretagne.
par Partisan, 1/2 s. Norf.-B., et une jument de trait,
Hennebont : depuis 1905.

BRIGAND. — H. N.
Al. 1901. — Finistère.
Par *Jacob*, 1/2 s. B., et une jugement de trait.
Hennebont: depuis 1905.

BUCÉPHALE (approuvé 1894). — H. N. 1895
B. 1890. — Finistère.
Par *Vétéran*, 1/2 s. N., et *Robine*, par Veneur, 1/2 s. N.
Sa grand'mère : par Pretender, 1/2 s. A.
Lamballe : 1894-1903.
A fait la monte en 1894 comme étalon approuvé chez M. Fr. Jaouen
(Finistère). — Réformé le 10 août.

BUMAN. — H. N.
Aub. 1901. — Bretagne.
Par *Marius*, 1/2 s. B.
Lamballe : depuis 1905.

BURAT. — H. N.
Al. 1901. — Bretagne.
Par *Denmark-Vigorous*, 1/2 s. A., et *Alma*, par Lord-Randy,
1/2 s. A.
Lamballe : depuis 1905.

BUSSON. — H. N.
Aub. 1901. — Bretagne.
Par *Jacob*, 1/2 s. B., et *Rosette*, par Lolliérou, 1/2 s. N.
Lamballe : depuis 1905.

BYRON (approuvé), M. Roblet (Morbihan).
B. 1901. — Bretagne.
Par *Lentheric*, 1/2 s. B., et une fille de Rémus, 1/2 s.
Hennebont : depuis 1905.

CADET (approuvé). — Mme Ve Madec (Morbihan).
Al. 1885. — Finistère.
Par *Utinam*, 1/2 s. N., et une fille de Romarin, 1/2 s. B.
Hennebont : depuis 1894.

CHAMPION (approuvé).
M. Pierre Gouëzec (Finistère).
Ro. 1899. — Bretagne.
Par *Montmirail*, 1/2 s. Norf.-B., et une fille de The General,
1/2 s. Norf.-A.
Hennebont : depuis 1903.

CHARLIC (approuvé). — M. Vigouroux-Kernéis (Finistère).
Aub. 1891. — Bretagne.
Par *Hamac*, 1/2 s. N., et *N.*, par Sénégal, 1/2 s. N.
Lamballe : 1896-1902.

CHARLIC (approuvé). — M. Dagorn (Finistère).
Ro. 1895. — Bretagne.
Par *Kersaint*, 1/2 s. B. (approuvé).
Hennebont : depuis 1899.

CLIN-D'ŒIL. — H. N.
Bb. 1880. — Côtes-du-Nord.
Par *Marin*, P. S. A., et *N.*, par Fourni, 1/2 s. N.
Lamballe : 1888-1901. — Réformé le 27 juillet.

CŒUR-DE-LION (approuvé).
M. J.-M. Marion (Finistère).
B. 1894. — Bretagne.
Par *Beauséjour*, 1/2 s. Char., et une fille de Charlot, 1/2 s. B
(approuvé).
Hennebont : 1899-1904.

COURAGEUX. — H. N.
Ro. 1897. — Bretagne.
Par *The General*, 1/2 s. A.
Lamballe : depuis 1901.

CULIPATAN (approuvé). — M. J. Hervé
(Côtes-du-Nord).
Al. 1897. — Bretagne.
Par *O'Connel* ou *Narcotique*, 1/2 s. N., et *N.*, par Saint-Julien,
1/2 s. N.
Lamballe : 1904. — Castré et vendu.

CYRUS (approuvé). — M. Perrin (François) (Ille-et-Vilaine).
Ro. 1896. — Bretagne.
Par *Cosaque*, 1/2 s. B. (approuvé), et une fille de Drôle-de-Corps,
1/2 s. N.
Hennebont ; 1900-1904.

DAUPHIN. — H. N.
Al. 1883. — Finistère.
Par *Plouënan*, 1/2 s. B., et *N*., par Dauphin, 1/2 s. N.
Lamballe : 1887-1898. — Réformé le 1er août.

DAUPHIN (approuvé). — Mme Ve Madec (Morbihan).
Al. 1885. — Bretagne.
Par *Rustique*, 1/2 s. B., et une fille de Plouënan, 1/2 s. B.
Hennebont : 1889-1901.

DELLON-MAD. — H. N.
Aub. 1897. — Bretagne.
Par *Naontec*, 1/2 s. B., et *Rosette*, par Saül, 1/2 s. B.
Lamballe : depuis 1901.

ÉCUREUIL (autorisé). — Mis de la Bourdonnaye.
B. 1875. — Bretagne.
Par *Eléazar*, 1/2 s. N., et une fille de Royal-Fort, P. S.A.
Hennebont : 1880.

ENNUI (approuvé). — Ve Roussel (Morbihan).
B. 1894. — Bretagne.
Par *Jupin*, 1/2 s. N., et une fille d'Atao, 1/2 s. B.
Hennebont : 1900-1904.

ÉPI-D'OR, ex-**IVERNY**. — H. N.
Al. 1885. — Côtes-du-Nord.
Par *Paradoxe*, P. S. A., et une jument bretonne.
Hennebont : depuis 1890.

ÉPOPTE, ex-**THE MANOR**. — H. N.
B. 1882. — Bretagne.
Par *Lord-of-the-Manor*, 1/2 s. Norf.-A., et une jument bretonne.
Lamballe : 1885-1901. — Réformé le 27 juillet.

ÉRARDI (autorisé) ; (approuvé 1899).
M. Hervé Hélard ; M. Benon, 1905 (Finistère).
Al. 1893. — Finistère.
Par *Blue-Roan*, 1/2 s. A., et une fille de Sir-Richard, 1/2 s. A.
Lamballe : depuis 1897.

ERYON. — H. N.
B. 1882. — Finistère.
Par *Y. Trott-Away*, 1/2 s. Norf. A., et *N.*, par Sizun,
1/2 s. Norf.-B.
Hennebont : 1886-1900. — Réformé le 14 août.

FARO (approuvé).
M. Perrin Francois (Ille-et-Vilaine).
Aub. 1896. — Bretagne.
Par *Sultan* ou *Nestor*, 1/2 s. B.
Hennebont : depuis 1900.

FARO (approuvé).
M. Belbeoch (Finistère).
N. 1901. — Bretagne.
Par *Birdsall-Connaught*, 1/2 s. Norf.-A et une fille
de Doryphora (trait).
Hennebont. — depuis 1905.

FOLGOET (approuvé), — Mme Ve Mélinaire (Morbihan).
Al. 1386. — Bretagne.
Par *Dinan*, 1/2 s. B. (*Lyonnais* ou *Rector*), et une jument bretonne.
Hennebont : 1890-1893.

FRANC-LURON (approuvé). — Mme Ve Madec (Morbihan).
Al. 1891. — Finistère.
Par *Amasis*, 1/2 s. N., et une fille de Dauphin, 1/2 s. N.
Hennebont : 1896-1902.

GALANTIN, ex-**MYSTÉRIEUX**. — H. N.
B. 1884. — Finistère.
Par *Danube*, P. S. A., et une fille d'Hermion, 1/2 s. B.
Sa grand'mère : fille de Malplaquet, 1/2 s. B.
Lamballe : 1888-1898. — Réformé le 1er août.

GALOPIN (approuvé), — Cte de Carheil (Morbihan).
Ro. 1895. — Bretagne.
Par *Sénegal.* 1/2 s. N. ou *Kerloïs*, 1/2 s. Norf.-B., et une fille
de Fire-King, 1/2 s. Norf.-A.
Hennebont : 1899-1902.

GANTELET, ex-**MERCURE**. — H. N.
Gr. 1883. — Finistère.
Par *Tyrtée*, 1/2 s. N.
Hennebont : 1888-1902. — Réformé le 26 juin.

GASTON, ex-**ÉTUDIANT**. — H. N.
Al. 1884. — Finistère.
Par *Fire-King*, 1/2 s. Norf.-A., ou *Amasis* 1/2 s. N., et *N.*
par Pretender, 1/2 s. A.
Sa grand'mère : N., par Grey-Shales, 1/2 s. A.
Lamballe : 1888-1903. — Réformé le 11 août.

GÉNÉRAL (approuvé).
Mme Ve Madec (Morbihan).
N. 1894. — Bretagne.
Par *The General*, 1/2 s. Norf.-N.
Hennebont : depuis 1901.

GÉNÉRAL (approuvé)
M. Didailler (Finistère).
Ro. 1898. — Bretagne.
Par *The General*, 1/2 s. Norf.-A., et une fille d'Old-Times,
1/2 s. Norf.-A.
Hennebont : depuis 1902.

GÉNÉRAL (approuvé). — M. Le Guen (Finistère).
N. 1894. — Bretagne.
Par *The General*, 1/2 s. A.
Lamballe : 1898-1900.
Vendu en 1901, dans une autre circonscription.

GLAZARD. — H. N.
Gr. 1884. — Finistère.
Par *Corlay*, 1/2 s. B., et *La Patrie*, par Krefftoski,
1/2 s. Orl.
Sa grand'mère : N., par Gouvieux, P. S. A.
Lamballe : 1889-1899. — Réformé le 4 août.

GUIGNOL. — H. N.
Bb. 1884. — Côtes-du-Nord.
Par *Corlay*, 1/2 s. B., et *Patience*, 1/2 s B., par Brandy-Face,
P. S. A.
Hennebont : 1588-1898. — Réformé le 1er août.

HERCULE. — H. N.
N. 1894. — Finistère.
Par *Amasis*, 1/2 s. N., et *Rosette*, par Midlothian, 1/2 s. A.
Sa grand'mère : par Vertuchoux, 1/2 s. N.
Sa bisaïeule : par Trottaway, 1/2 s. B.
Lamballe : depuis 1898.

HERCULE (approuvé). — M. Louis Gérard (Ille-et-Vilaine).
Ro. 1891. — Finistère.
Par *Midlothian*, 1/2 s. A., et une fille de Sénégal, 1/2 s. N.
Hennebont : depuis 1896.

HONORÉ, (approuvé). — M. Belbéock (Finistère).
Al. 1897. — Bretagne.
Par *Gaston*, 1/2 s. Norf.-B., et une fille de Sénégal, 1/2 s. N.
Hennebont : depuis 1901.

HORACE (approuvé). — M. Roblet (Morbihan).
Aub. 1895. — Bretagne.
Par *Maraichin*, 1/2 s. V., ou *Kervent*, 1/2 s. Norf.-B,.
et une fille de Casino, 1/2 s. V.
Hennebont : 1899-1904.

HORACE, ex-**SALSES**. — H. N.
Al. 1885. — Finistère.
Par *Salses*, 1/2 s. N., et une jument bretonne,
Hennebont : 1889-1899. — Réformé le 27 novembre.

HORSE (approuvé). — M. L. Gérard ; M. Bourdon, 1898
(Ille-et-Vilaine).
Al. 1884. — Bretagne.
Par *Old-Times*, 1/2 s. Norf.-A., et une jument bretonne.
Hennebont : 1888-1902.

ILHAN (approuvé), — M. J.-M. Cueff (Finistère)
H. N. en 1890.
Ro. 1885. — Finistère.
Par *Weigton-Merry-Legs*, 1/2 s. Norf., ou *Corlay*, 1/2 s. B.,
et *N*., par Quiddany, 1/2 s. N.
Lamballe : 1889-1899. — Réformé le 4 août.

IMÉCOURT, ex-**KEREVER**. — H. N.
B. 1886. — Finistère.
Par *Veneur*, 1/2 s. N., ou *Bataille*, 1/2 s. N., et *N*.,
par Dauphin, 1/2 s. N.
Hennebont : 1890 1900. — Réformé le 14 août.

IMPHY, ex-**IVAN**, ex-**KERASSIGNOL**. — H. N.
Al. 1886. — Finistère.
Par *Alcala*, 1/2 s. N., et *N*., par Fire-King, 1/2 s. Norf.-A,
Hennebont : depuis 1890.

INACHUS, ex-**IROQUOIS**. — H. N.
Bb. 1886. — Côtes-du-Nord.
Par *Corlay*, 1/2 s. B., et *N*., par Quiddany, 1/2 s. N.
Lamballe : 1890-1898. — Réformé le 1er août.

ITHAQUE (approuvé).
M. Kernéis, 1890 ; M. J. Cornec, 1893 ; M. Plouzennec, 1899
(Finistère).
B. 1886. — Bretagne.
Par *Bassano*, 1/2 s. N., et *Fleurette*, par Ino, 1/2 s. N.
Sa grand'mère : Laure, par Ingres, 1/2 s. N.
Lamballe : 1890-1898. — Hennebont : 1899-1900.

ITYS, ex-**HORTENSIA**, ex-**COSAQUE**. — H. N.
Al. 1885. — Finistère.
Par *Armoricain*, 1/2 s. B.
Lamballe : 1890-1902. — Réformé le 21 août.

JABADAO. — H. N.
Ro. 1893. — Finistère.
Par *Jérémie* ou *Ferret*, 1/2 s. N., et *Papillonne*,
par The General, 1/2 s. A.
Sa grand'mère : par Veneur, 1/2 s. N.
Sa bisaïeule : par Enée, 1/2 s. N.
Lamballe : depuis 1897.

JACOB. — H. N.
Aub. 1887. — Finistère.
Par *Amasis*, 1/2 s. N., et *N.*, par Rémus, 1/2 s. N.
Lamballe : 1891-1904. — Mort le 13 décembre.

JACOB (approuvé).
M. Le Nir, 1891 ; M. Rolland, 1894 (Finistère).
Al. 1887. — Finistère.
Par *Bataille*, 1/2 s. N., et une fille de Sénégal, 1/2 s. N.
Hennebont : 1891-1902.

JACOB II (approuvé). — M. Favennec (Finistère).
Aub. 1895. — Bretagne.
Par *Jacob*, 1/2 s. B., et *N.*, par Great-Gun, 1/2 s. A.
Hennebont : depuis 1899.

JANINA. — H. N.
Al. 1887. — Finistère.
Par *Bataille*, 1/2 s. N., et *N.*, par Fire-King, 1/2 s. A.
Lamballe : 1891-1898. — Réformé le 1er août.

JARNAC, ex-FRANC-LURON. — H. N.
Aub. 1887. — Finistère.
Par *The General*, 1/2 s. A., et *N.*, par Veneur, 1/2 s. N.
Lamballe : 1891-1902. — Réformé le 21 août.

JARNIDIEU (approuvé). — Mme Ve Mélinaire ;
M. Lestrohan, 1901 (Morbihan).
Al. 1891. — Finistère.
Par *Bataille*, 1/2 s. N., et une fille de Veneur, 1/2 s. N.
Hennebont : depuis 1895.

JÉRICHO (approuvé).
M. Pierre Gouezec (Finistère).
Al. 1898. — Bretagne.
Par *Lesquivy* (trait) et une fille de Chaperon, 1/2 s. N.
Hennebont : depuis 1902.

JOCKO (approuvé). — Mme Ve Mélinaire ;
M. Lestrohan, 1901 (Morbihan).
Al. 1887. — Finistère.
Par *Vernet*, 1/2 s. N., et une fille de Sir-Richard, 1/2 s. A.
Hennebont : 1891-1902.

JONGLEUR. — H. N.
Ro. 1873. — Finistère.
Par *Kerdiaoul*, 1/2 s. B., et une fille d'Hermion, 1/2 s. B.
Hennebont : 1882. — Réformé en septembre.

JOYEUX (approuvé).
M. Couliquen (Jacques) 1891 ; M. du Rusquec (Finistère).
Gr. 1887. — Finistère.
Par *Amasis*, 1/2 s. N., et une fille de Némo (trait percheron).

Sa grand'mère : par Orphila, 1/2 s. B.
Lamballe : 1891-1902. — Mort le 28 juin.

JUILLET. — H. N.
B. 1887. — Finistère.
Par *Sénégal*, 1/2 s. N., et N., par Amasis 1/2 s. N.
Hennebont : depuis 1891.

JUJUBE, ex-ARTISTE. — H. N.
B. 1882. — Finistère,
Par *Rémus* ou *Sénégal*, 1/2 s. N., et une 1/2 s. B.
par Soleil, 1/2 s.
Hennebont : 1891-1898. — Réformé le 1er août.

JUNIPER (approuvé). — M. le Cte de Lambilly (Morbihan).
B. 1898. — Bretagne.
Par *Juniper*, 1/2 s. Norf.-A. et une fille d'Amasis, 1/2 s. N.
Hennebont : depuis 1902.

JUPITER (autorisé 1889, approuvé 1891).
M. Jalu (Morbihan).
B. 1884. — Morbihan.
Par *Voltaire*, 1/2 s. B. (approuvé).
Hennebont : 1889-1900.

J'Y SUIS (approuvé). — M. Jouchet (Morbihan).
Ro. 1901. — Bretagne.
Par *Pajol*, 1/2 s. Norf.-B., et une fille d'Old-Times,
1/2 s. Norf.-A.
Hennebont : depuis 1905,

KERBANCO. — H. N.
Al. 1888. — Finistère.
Par *Banco*, 1/2 s. N.
Lamballe : 1892-1900. — Réformé le 28 juillet.

KERBESCOND. — H. N.
B. 1888. — Finistère.
Par *Voltaire*, 1/2 s. B., et Mon-Etoile, par Seymour, P. S. A.
Hennebont : 1893-1899. — Réformé le 24 juillet.

KERGUENGUY (approuvé). — M. Burel, 1892.
M. Plouzenec, 1897 (Finistère).
Al. 1888. — Finistère.
Par *Sénégal* ou *Bassano*, 1/2 s. N., et une fille de Fire-King.
1/2 s. A.
Hennebont : 1892-1898.

KER-LOÏS. — H. N.
Al. 1888. — Finistère.
Par *Bataille*, ou *Bassano*, 1/2 s. N., et une fille
de Fire-King, 1/2 s. A.
Sa grand'mère : par Dauphin, 1/2 s. N.
Lamballe : 1892-1902. — Réformé le 21 août.

KERVENT. — H. N.
Aub. 1888. — Finistère.
Par *The General*, 1/2 s. A.
Hennebont : 1892-1902. — Réformé le 16 août.

KIEL (approuvé). — Cte de Lambilly ; M. Roussel
(Morbihan).
Al. 1894. — Finistère.
Par *Kerbanco*, 1/2 s. B.
Hennebont : depuis 1898.

KIRSCH (approuvé).
M. J.-L. Autret, 1892 ; Mme Ve Juglé, 1893 (Ille-et-Vilaine).
Ro. 1888. — Finistère.
Par *The General*, 1/2 s. A.
Lamballe : 1892. — Hennebont : 1893-1903.

LAMI (approuvé). — M. Aristide Perrin (Ille-et-Vilaine).
Aub. 1900. — Bretagne.
Par *Rufus-of-Reedness*, 1/2 s. Norf.-A , et une fille de Sénégal
ou Bataille, 1/2 s. N.
Hennebont : depuis 1904.

LANDSER (approuvé). — Mme Ve Madec.
Al. 1898. — Bretagne.
Par *Naontec*, 1/2 s. Norf.-B., et une fille de Saül, 1/2 s. Norf.-B.
Hennebont : depuis 1902.

LOPRÉDEN. — H. N.
Aub. 1897. — Bretagne.
Par *Nestor*, 1/2 s. B.
Lamballe : 1901-1905. — Réformé le 19 août.

LENTHÉRIC, ex SÉNÉGAL. — H. N.
Bb. 1889. — Finistère.
Par *Sénégal*, 1/2 s. N., et *Coquette*, par Banco, 1/2 s. N.
Lamballe : 1893-1903. — Réformé le 10 août.

LÉOPARD. — H. N.
Al. 1889. — Côtes-du-Nord.
Par *Voltaire*, 1/2 s. B., et *Tyrone*, par Tyrtée, 1/2 s. N.
Lamballe : 1893-1899. — Réformé le 4 août.

LESNEVEN. — H. N.
Al. 1881. — Bretagne.
Par *Lesneven*, 1/2 s. B., ou *Suffren*, 1/2 s. N., et *Bleue*,
par Hermion, 1/2 s. N.
Lamballe : 1885-1898. — Réformé le 1er août.

LOLLIEROU (approuvé). — M. Cornec ; M. Marzin (Finistère).
Aub. 1899. — Bretagne.
Par *Naontec*, 1/2 s. Norf.-B., et une fille de Lolliérou,
1/2 s. Norf.-B.
Lamballe : 1903-1904. — Hennebont : depuis 1905.

LUBIE (approuvé).
M. G. Biham, 1893 (Finistère) ; M. Hersent, 1897 (Ille-et-Vilaine).
N. 1889. — Finistère.
Par *Lancastre*, 1/2 s. N., et une fille de Bronze, 1/2 s. N.
Lamballe: 1893. — Angers : 1894 (dans la Mayenne à M. Gouillée).
La Roche-sur-Yon : 1895-1896 (dans la Loire-Inférieure à
M. Jehanne). — Hennebont : 1897.
Non représenté.

MAHOMET (autorisé en 1902; approuvé en 1903).
Cte de Lambilly (Morbihan).
B. 1898. — Morbihan.
Par *Nabab*, 1/2 s. V., et une fille de Gisors, P. S. A.
Hennebont : depuis 1902.

MANOURY (approuvé).
M. Burel, 1894 ; M. Plouzennec, 1897 (Finistère).
B. 1890. — Finistère.
Par *Rémus*, 1/2 s. N., et une fille d'Amasis, 1/2 s. N.
Hennebont : 1894-1898.

MARIUS (approuvé). — M. C. Caill (Finistère).
Al. 1890. ~ Bretagne.
Par *Amasis*, 1/2 s. N., et *N.*, par Fire-King, 1/2 s. A.
Lamballe : depuis 1894.

MAROT. — H. N.
Al. 1890. — Finistère.
Pai *Saint-Julien*, 1/2 s. N., et *Réséda*, par Corlay, 1/2 s. B.
Sa grand'mère : par Beauvais, P. S. A.
Lamballe : depuis 1895.

MAROT (approuvé). — M. Favennec (Finistère).
Al. 1898. — Bretagne.
Par *Marot*, 1/2 s. B., et une fille de Sir-Richard, 1/2 s. Norf.-A.
Hennebont : depuis 1902.

MARS. — H. N.
Aub. 1890. — Finistère.
Par *Champion*, 1/2 s. N.
Hennebont : 1894-1903. — Réformé le 20 août.

MARSEILLE (autorisé). — M. Forget.
B. 1883. — Bretagne.
Par *Francœur*, 1/2 s. B., et une fille de Royal-Fort,
P. S. A.
Hennebont : 1887-1890. — Vendu.

MARTIAL. — H. N.
Gr. 1890. — Finistère.
Par *Corlay*, 1/2 s. B., et *La Patrie*, par Kreffteski,
1/2 s. Orloff.
Lamballe : depuis 1894.

MARTIN. — H. N.
B. 1890. — Finistère.
Par *The General*, 1/2 s. A., et *Lucie*, par Rémus, 1/2 s. N.
Sa grand'mère : par Neuilly, 1/2 s.
Hennebont : depuis 1894.

MARTIN (approuvé). — M. Em. Jalu (Morbihan).
Al. 1896. — Bretagne.
Par *Soliman*, et une fille de Hamac, 1/2 s. N.
Hennebont : depuis 1901.

MASTER-FRED (approuvé). — M. Madec (Morbihan)
Aub. 1899. — Bretagne.
Par *Master-Fred*, 1/2 s. Norf.-A.
Hennebont : depuis 1903.

MATADOR (approuvé). — M. Quilliou (Finistère).
B. 1869. — Bretagne.
Par *Flying-Cloud*, 1/2 s. Norf.
Hennebont : 1876-1891. — Mort.

MÉNIPPE (approuvé). — M. Roblet (Morbihan).
B. 1890. — Finistère.
Par *Amasis*, 1/2 s. N., et une fille de Chambois, P. S. A.
Hennebont : depuis 1894.

MERCURE (approuvé). — M. Herry (Finistère).
Gr. 1886. — Finistère.
Par *Tout-Juste*, 1/2 s. B., et une fille de Salses, 1/2 s. N.
Lamballe : 1891-1902.

MÉRIEN. — H. N.
Aub. 1894. — Finistère.
Par *Laoston*, 1/2 s. B., et *Bergelle*, par Lord-of-the-Manor,
1/2 s. A.
Lamballe : 1898-1901. — Rétormé le 22 août.

MÉZIDON (approuvé). — M. Y. Riou (Finistère).
Al. 1890. — Bretagne.
Par *Great-Gun*, 1/2 s. A.
Lamballe : depuis 1898.

MIGNON (approuvé). — M. Boutin (Finistère).
Al. 1894 — Bretagne.
Par *Amasis*, 1/2 s. N. et *N.*, par Ino, 1/2 s. N.
Lamballe : depuis 1898.

MIROTON. — H. N.
1897. — Bretagne.
The General, 1/2 s. A.
Lamballe : 1901-1902. — Réformé le 21 août

MOÏSE, ex-**COCO**. — H. N.
Aub. 1890. — Finistère.
Par *Rémus*, 1/2 s. N.
Lamballe : 1894-1902. — Réformé le 21 août.

MONTAGNE. — H. N.
B. 1890. — Finistère.
Par *The General*, 1/2 s. A., et une fille d'Ingres, 1/2 s. N.
Sa grand'mère : par John, 1/2 s.
Hennebont : 1894-1904. — Réformé le 18 août.

MONTBRAN (approuvé). — M. Thépaut,
Me Ve Madec, 1897 (Finistère).
Gr. 1886. — Bretagne.
Par *Grain-d'Or*, P. S. A.
Lamballe : 1890-1905. — Non représenté.

MONTMIRAIL (approuvé). — M. Vigouroux Kernéis
(Finistère).
Ro. 1900. — Bretagne.
Par *Montmirail*, 1/2 s. N., et *N.*, par Beauvais, 1/2 s. N.
Lamballe : depuis 1904.

MOUTON (approuvé). — M. Pierre Gouezec (Finistère).
B. 1897. — Bretagne.
Par *Hermes*, 1/2 s. N., ou *The General*, 1/2 s. Norf.-A.
Hennebont : depuis 1900.

NAONTEC (approuvé). — M. du Rusquec (Finistère).
Ro. 1896. — Bretagne.
Par *Naontee*, 1/2 s. B., et *N.*, par Saül, 1/2 s. B.
Lamballe : 1900-1902.

NAONTEC, ex-**OLD-TIMES**. — H. N.
Aub. 1891. — Finistère.
Par *Bitley*, 1/2 s. Norf., ou *Old-Times*, 1/2 s. A., et *Bellonne*,
par Salses, 1/2 s. N.
Lamballe : 1895-1899. — Réformé le 4 août.

NÉARQUE. — H. N.
B. 1891. — Côtes-du-Nord.
Par *Basque*, P. S. A., et *Minette*, par Ulysse, 1/2 s. B.
Lamballe : 1896-1905. — Réformé le 19 août.

NEPTUNE (approuvé).
Mme Ve Mélinaire, 1900 ; M. Lestrohan, 1901 (Morbihan).
Aub. 1896. — Bretagne.
Par *Naontec*, 1/2 s. Norf.-B.
Hennebont : depuis 1900.

NEPTUNE (approuvé). — Mme Ve Judgé (Ille-et-Vilaine).
Gr. 1891. — Finistère.
Par *Amasis*, 1/2 s. N., et une fille de Fire-King, 1/2 s. A.
Hennebont : depuis 1895.

NÉRON. — H. N.
Al. 1895. — Bretagne.
Par *Jasmin*, 1/2 s. B. (approuvé), et *N*., par Master, 1/2 s. N.
Lamballe : 1899-1905. — Réformé lé 19 août.

NÉRON (approuvé). — M. Dourmap-Gilles (Finistère).
Al. 1891. — Finistère.
Par *Gaston*, 1/2 s. B., et une jument bretonne, par Parfait (trait).
Lamballe : 1895-1898. — Mort.

NESTOR. — H. N.
Ro. 1891. — Finistère.
Par *Vilna*, 1/2 s. R., et *Bella*, par Shales, 1/2 s. A.
Hennebont : 1895-1900. — Réformé le 14 août.

NESTOR. — H. N.
Aub. 1891. — Finistère.
Par *The General*, 1/2 s. Norf., ou *Gaston*, 1/2 s. N.
Lamballe : depuis 1895.

NICÉPHORE. — H. N.
B. 1891. — Finistère.
Par *Ferret*, 1/2 s. N., et *Bergère*, par Lord-of-the-Manor, 1/2 s. A.
Hennebont : depuis 1895.

NOÉ, ex-**ROUANET**. — H. N.
Aub. 1891. — Finistère.
Par *Old-Times*, 1/2 s. A , et *Lucie*, par Hermion, 1/2 s. B.
Hennebont : 1895-1903. — Réformé le 20 août.

ODET, ex-**MINERVE**. — H. N.
Al. 1892. — Finistère.
Par *Juniper*, 1/2 s. A., et *Baille*, par Fire-King,
1/2 s. A.
Sa grand'mère : par Neuilly, 1/2 s. |N.
Hennebont : depuis 1896.

OKA, ex-**BARYTON**. — H. N.
B. 1892. — Finistère.
Par *Lancastre* ou *Sénégal*, 1/2 s. N., et *Baille*, par The General,
1/2 s. A.
Sa grand'mère : par Dauphin, 1/2 s. N.
Hennebont : depuis 1896.

OMER, ex-**VAINQUEUR**. — H. N.
Al. 1892. — Finistère.
Par *Erard*, 1/2 s. B., et *Fleury*, par Vernet, 1/2 s. N.
Hennebont : 1896-1901. — Réformé le 16 août.

OMNÈS, ex-**MIDLOTHIAN**. — H. N.
Al. 1892. — Finistère.
Par *Drucourt* (trait) ou *Midlothian*, 1/2 s. A., et *Lucie*,
par Ingres, 1/2 s. N.
Lamballe : 1896-1902. — Réformé le 21 août.

ORANGER. — H. N.
Al. 1892. — Finistère.
Par *Sir-Richard*, 1/2 s. Norf.-A., et *Juana*, par Y. Trottaway,
1/2 s. Norf.-A.
Sa grand'mère : par Great-Gun, 1/2 s. A.
Lamballe : 1896-1901. — Réformé le 22 août.

ORPHELIN. — H. N.
B. 1892. — Côtes-du-Nord.
Par *Saint-Julien*, 1/2 s. N.. et *Fleurette*, par Defender, 1/2 s.
Hennebont : 1896-1904. — Réformé le 18 août.

OUAD, ex-**FERRET**. — H. N.
N. 1892. — Finistère.
Par *Ferret*, 1/2 s. N., et *Rosette*, par Salses, 1/2 s. N.
Sa grand'mère : par Lord-of-the-Manor, 1/2 s. Norf.-A.
Lamballe : depuis 1896.

OUVRIER (approuvé). — M. Joseph Garrault (Ille-et-Vilaine).
B. 1892. — Ille-et-Vilaine.
Par *Suffrage*, 1/2 s. N.
Hennebont : 1897-1905.

PAJOL. — H. N.
Gr. 1893. — Finistère.
Par *Ker-Loïs*, 1/2 s. B., et *Bichette*, par Good-By, 1/2 s. A.
Lamballe : 1897-1903. — Réformé le 29 août.

PANARIS (approuvé). — M. Jean Louchouarn (Finistère).
B. 1893. — Bretagne.
Par *Le Piégeur*, P. S. A., et une fille de Charlot, 1/2 s. B.
(approuvé).
Hennebont : 1899-1901.

PANTHÉON. — H. N.
N. 1893. — Finistère.
Par *Janicule*, 1/2 s. B. (approuvé), et *Robine*, par Remus, 1/2 s N.
Sa grand'mère : par Ino, 1/2 s. N.
Lamballe : 1897-1904. — Mort le 31 mars,

PARRAIN. — H. N.
B. 1893. — Bretagne.
Par *Ferret*, 1/2 s. N.
Hennebont : 1897-1899. — Réformé le 9 octobre.

PARTISAN, ex-**PLUTON**. — H. N.
Aub. 1893. — Finistère.
Par *Halévy*, 1/2 s. N., et *Rouane*, par The General, 1/2 s. A.
Hennebont : depuis 1897.

PATRIOTE (approuvé). — M. le Nir, 1886, M. Rolland, 1894
(Finistère).
B. 1884. — Finistère.
Par *Patriote*, P. S. A.
Hennebont : 1888-1900.

PETIT-MOUTON (approuvé). — M. Lestrohan (Morbihan).
Al. 1899. — Bretagne.
Par *Old-Times*, 1/2 s. Norf.-A.
Hennebont : depuis 1903.

PITTACUS. — H. N.
Al. 1893. — Finistère.
Par *Juniper*, 1/2 s. A., et *Lucie*, par Tyrtée, 1/2 s. N.
Hennebont : 1897-1898. — Réformé le 1er août.

PLATON. — H. N.
B. 1893. — Finistère.
Par *Amasis*, 1/2 s. N., et *Coquette*, par Rochambeau, 1/2 s. N.
Sa grand'mère : par The Norfolk-Star, 1/2 s. A.
Sa bisaïeule ; par Neptune, 1/2 s. B.
Lamballe : 1897-1902. — Réformé le 21 août.

POLADRE (approuvé).
MM. Baslé, 1891 ; Prime, 1895 (Ille-et-Vilaine).
B. 1886.
Par *Radieux*, 1/2 s. N., et une fille de Palanquin, 1/2 s. N.
Hennebont : 1891-1901.

POMPON, ex-**PITTACUS**. — H. N.

Ro. 1893. — Finistère.
Par *Bledelow*, 1/2 s. A.
Hennebont : depuis 1897.

QUANTURUS. — H. N.

Al. 1894. — Finistère.
Par *Amasis*, 1/2 s. N., et *Coquette*, par Rochambeau, 1/2 s. N.
Sa grand'mère : par Norfolk-Star, 1/2 s. A.
Sa bisaïeule : par Neptune, 1/2 s. B.
Lamballe : 1898-1899. — Réformé le 9 octobre.

QUATRAIN. — H. N.

Aub. 1893. — Finistère.
Par *Sir-Richard*, 1/2 s. A., et Gourmette, par Chambois,
P. S. A.
Sa grand'mère : par Fire-King, 1/2 s. Norf.-A.
Lamballe : depuis 1897.

QUÉLUS, ex-**CAP-DE-MORE**. — H. N.

Gr. 1894. — Finistère.
Par *Bledelow*, 1/2 s. A.
Hennebont : 1898-1900. — Réformé le 14 août.

QUÉMANDEUR. — H. N.

Al. 1894. — Finistère.
Par *Kerloïs*, 1/2 s. B., et une fille de Gaston, 1/2 s. B.
Hennebont : depuis 1898.

QUEN'-BRAO, ex-**FERRET II**. — H. N.

Bb. 1894. — Finistère.
Par *Ferret*, 1/2 s. N., et *Minette*, par Chaperon, 1/2 s. N.
Sa grand'mère : jument bretonne, par Frontin (trait percheron).
Sa bisaïeule : par Quemeneur, 1/2 s. B.
Lamballe : 1898-1900. — Réformé le 21 août.

QUERRIEN, ex-**BON-VIVANT**. — H. N.

Aub. 1894. — Finistère.
Par *The General*, 1/2 s. A.
Hennebont : depuis 1898.

QUIDAM. — H. N.
Al. 1894. — Finistère.
Par *Gaston*, 1/2 s. B., et *Coquette*, par Parfait (trait).
Sa grand'mère : par Fire-King, 1/2 s. A.
Lamballe : depuis 1898.

QUILY, ex-**VAINQUEUR**. — H. N.
Ro. 1894. — Finistère.
Par *The General*, 1/2 s. Norf.-A.
Hennebont : 1898-1902. — Réformé le 16 août.

QUINCONCE. — H. N.
B. 1894. — Finistère.
Par *Gaston*, 1/2 s. B., ou *Amasis*, 1/2 s. N., et une fille de
Vertuchoux, 1/2 s. N.
Hennebont : 1898-1901. — Réformé le 16 août.

QUINSAC (approuvé). — M. Rolland (Finistère).
Al. 1894. — Finistère.
Par *Gaston*, 1/2 s. B., et une fille de Fire-King, 1/2 s. A.
Hennebont : 1898-1903.

QUIRINAL (approuvé).
M. G. Joncourt (Finistère).
Ro. 1897. — Bretagne.
Par *Lolliérou*, 1/2 s. Norf.-B., et une fille de Rosier, 1/2 s. B.
Hennebont : depuis 1901.

QUOTIENT. — H. N.
Aub. 1894. — Finistère.
Par *Lolliérou*, 1/2 s. B.
Lamballe : 1898. — Mort le 22 juillet.

QUOTIENT (approuvé). — Mme Ve Perrin (Ille-et-Vilaine).
Al. 1894. — Finistère.
Par *Gaston*, 1/2 s. B.
Hennebont : 1898 - 1904.

4

RADENN. — H. N.
Ro. 1895. — Bretagne.
Par *The General*, 1/2 s. A., et *N.*, par Trégarvan, 1/2 s. B.
Lamballe : 1899-1900. — Mort.

RADICAL (approuvé).
M. Plouzennec (Finistère).
Al. 1896. — Bretagne.
Par *Juniper*, 1/2 s. Norf.-A.
Hennebont : depuis 1900.

RAPHAËL (approuvé).
M. Thomas Dizet (Finistère).
Is. 1895. — Bretagne.
Par *Bataille*, 1/2 s. N., et une fille de Sénégal, 1/2 s. N.
Hennebont : depuis 1899.

RAPIDE (approuvé). — Mme Ve Roussel (Morbihan).
Gr. 1889. — Morbihan.
Par *Décidé*, 1/2 s. B. (approuvé), et une fille d'Hermion, 1/2 s. N.
Hennebont : depuis 1895.

REGGIO. — H. N.
Al. 1895. — Finistère.
Par *Lophofore*, 1/2 s. N., et *Fanny*, par Sir-Georges,
1/2 s. Norf.-A.
Sa grand'mère : par Dauphin, 1/2 s.
Hennebont : depuis 1899.

RÉGNARD (approuvé).
M. François Perrin (Ille-et-Vilaine).
Al. 1895. — Bretagne.
Par *Hard-Times*, 1/2 s. Norf.-A.,et une fille d'Halevy, 1/2 s. N.
Hennebont : depuis 1899.

RICHARD (approuvé).
M. Loch (Finistère).
Al. 1895. — Bretagne.
Par *Hard-Times*, 1/2 s. Norf.-A., et une fille do Bataille, 1/2 s. N.
Hennebont : depuis 1899.

RIEC, ex-**AMASIS**. — H. N.
N. 1895. — Finistère.
Par *Amasis*, 1/2 s. N., et *Lucie*, par Kerlennoc. 1/2 s. Norf.-B.
(approuvé).
Sa grand'mère : par Fire-King, 1/2 s. Norf.-A.
Hennebont : depuis 1899.

RIGODON (approuvé). — M. du Rusquec (Finistère).
Aub. 1895. — Bretagne.
Par *The General*, 1/2 s. A.
Lamballe : 1899-1901. — Non représenté

RIGOLO (approuvé). — M. F. Inizan (Finistère).
N. 1899. — Bretagne.
Par *Lescoat* ou *Mouton* (Traits), et *N.*, par Thermidor, 1/2 s. B.
Lamballe : depuis 1903.

RIGOLO (approuvé). — M. Jalu (Morbihan).
Bb. 1889. — Morbihan.
Par *Voltaire*, 1/2 s. B. (approuvé).
Hennebont : depuis 1893.

RISQUE-TOUT (approuvé). — M. Rolland (Finistère).
Ro. 1895. — Bretagne.
Par *The General*, 1/2 s. Norf.-A.
Hennebont : 1899-1904.

ROBUSTE (approuvé).
Mme Ve Mélinaire ; M. Lestrohan 1901 (Morbihan).
Al. 1892. — Finistère.
Par *Salses*, 1/2 s. N., et une fille de Great-Gun, 1/2 s. A.
Hennebont : depuis 1896.

ROITELET. — H. N.
Gr. 1895. — Bretagne.
Par *The General*, 1/2 s. A., et N., par Foxhall, 1/2 s. B.
Lamballe : depuis 1899.

ROITELET (approuvé).
M. le Borgne. — M. J. M. Troadec, 1890 (Finistère).
Al. 1885. — Finistère.
Par *Fire-King*, 1/2 s. A., et *Bidolle*, par Page, 1/2 s. N.
Sa grand'mère : Guelle, par Anténor, 1/2 s. N.
Sa bisaïeule : Rachel, par Grey-Shales, 1/2 s. A.
Lamballe : depuis 1889

RONFLEUR. — H. N.
Aub. 1895. — Finistère.
Par *Jacob*, 1/2 s. B.
Hennebont : 1899-1900. — Réformé le 14 août.

ROSPORDEN, ex-**CANTINEER**. — H. N.
B. 1895. — Finistère.
Par *Cantineer*, 1/2 s. Norf.-A., et *Petite*, par Beausejour
1/2 s. Char.
Hennebont : 1899-1904. — Réformé le 18 août.

ROUÉ. — H. N.
Gr. 1895. — Bretagne.
Par *Orphée* (trait), et *N.*, par The General, 1/2 s. A.
Lamballe : depuis 1899.

RUBAN. — H. N.
B. 1895. — Finistère.
Par *Amasis*, 1/2 s. N.
Hennebont : 1899-1903. — Réformé le 20 août.

RUMENGOL, ex-**L'AMI**. — H. N.
Al. 1895. — Finistère.
Par *Jacob*, 1/2 s. B., et *Finette*, par Salses, 1/2 s. N.
Hennebont : 1899-1901. — Réformé le 16 août.

RUMINE (approuvé). — M. Le Guen (Finistère).
Al. 1885. — Bretagne.
Par *Charlot*, 1/2 s. B., et une fille d'Inachus, 1/2 s. B.
Hennebont : 1889-1898.

RUSTIQUE (approuvé). — M. Louis Gérard (Illé-et-Vilaine).
N. 1895. — Bretagne.
Par *Juniper*, 1/2 s. Norf.-A., et une fille d'Etretat, 1/2 s. N.
Hennebont : depuis 1899.

SAINT-GEORGES. — H. N.
Al. 1889. — Côtes-du-Nord.
Par *Basque*, P. S. A.
Lamballe : 1894-1903. — Réformé le 11 août.

SALAMBO (approuvé). — M. Y. Jouan (Côtes-du-Nord).
Al. 1899. — Bretagne.
Par *Mirabeau*, 1/2 s. V.
Lamballe : 1903. — Réformé.

SALSES (approuvé). — M. Vigouroux-Kernéïs (Finistère).
Aub. 1892. — Finistère.
Par *Salses*, 1/2 s. N., et *N*., par Old-Times, 1/2 s. A.
Lamballe : 1896-1899. — Non représenté.

SANTON. — H. N.
Al. 1896. — Finistère.
Par *Lentheric*, 1/2 s. B., et *Brune*, par Fire-King,
1/2 s. Norf.-A.
Sa grand'mère : par Pretender, 1/2 s. A.
Hennebont : 1900-1902.

SAPAJOU, ex-**VITRIER**. — H. N.
N. 1896. — Finistère.
Par *Gaston*, 1/2 s. B., ou *Etretat*, 1/2 s. N., et une jument
de trait.
Hennebont : 1900-1901. — Réformé le 27 octobre.

SATURNE (approuvé).
M. Plouzennec (Finistère).
Ro. 1896. — Bretagne.
Par *Ferret*, 1/2 s. N., et une fille de Hamac, 1/2 s. N.
Hennebont : 1900-1902.

SCORFF, ex-**CHARLOT**. — H. N.
Aub. 1896. — Finistère.
Par *Izérou*, 1/2 s. V., et *Brune*, par Augias, 1/2 s. N.
Hennebont : depuis 1900.

SERRE-FILE. — H. N.
B. 1897. — Bretagne.
Par *Saint-Julien* ou *Kaviar*, 1/2 s. N., et *Majesté*,
par Clin-d'Œil, 1/2 s. B.
Lamballe : depuis 1901.

SERVITEUR (approuvé).
M. J.-M. Julien, 1888 ; Mme Ve le Noble, 1889 (Ille-et-Vilaine).
B. 1882. — Bretagne.
Par *Serviteur*, 1/2 s. N., et une jument bretonne.
Hennebont : 1888-1900.

SLAB (approuvé). — Mme Ve Madec (Morbihan).
Al. 1891. — Finistère.
Par *Ventriloque*, 1/2 s. N., et une fille de Courageux, 1/2 s. B.
(approuvé).
Hennebont : 1895-1899.

SOLIDE (approuvé).
Mme Ve Jugdé (Ille-et-Vilaine).
N. 1897. — Bretagne.
Par *Neptune*, 1/2 s. Norf.-B. (approuvé), et une fille
de Suffrage, 1/2 s. N.
Hennebont : depuis 1901.

SOLIMAN. — H. N.
Ro. 1896. — Finistère.
Par *Althorp-Wonder*, 1/2 s. Norf.-A.
Hennebont : depuis 1900.

SUÉDOIS (approuvé). — M. Le Loch (Finistère).
N. 1896. — Bretagne.
Par *Lophofor*, 1/2 s. N., et une fille de Salses, 1/2 s. N.
Hennebont : depuis 1901.

SULTAN. — H. N.
Al. 1896. — Finistère.
Par *Fantaisiste*, 1/2 s. Norf.-B.
Hennebont : depuis 1900.

SULTAN (approuvé).
M. Clément Perrin (Ille-et-Vilaine).
B. 1896. — Bretagne.
Par *Lophofor*, 1/2 s. N., et une fille de Lesneven, 1/2 s. B.
Hennebont : depuis 1900.

SULTAN (autorisé). — M. Jalu (Morbihan).
B. 1898. — Bretagne.
Par *Lentheric*, 1/2 s. B., et une fille de Rémus, 1/2 s.
Hennebont : depuis 1902.

SYBARIS (approuvé).
MM. Burel, 1891 : Plouzennec, 1897 (Finistère).
Al. 1885 (Finistère).
Par *Sybaris*, 1/2 s. B., et une fille de Quick-Sylver, 1/2 s. B.
Hennehont : 1891-1902.

TABAC, ex-**BRAHMA**. — H. N.
Al. 1897. — Finistère.
Par *Bucéphale*, 1/2 s. B., et *Bichette*, par Champion,
1/2 s. B. (approuvé).
Hennebont : 1901-1905. — Réformé le 12 août.

TAFIA, ex-**CHARLOTTE**. — H.N.
B. 1897. — Finistère.
Par *Inkermann*, 1/2 s. N. ou *August*, 1/2 s. Norf.-B.,
et *Amazone*, par Amasis, 1/2 s. N.
Hennebont : 1901-1904. — Réformé le 18 août.

TAPAGEUR (approuvé).
M. Victor Judgé (Ille-et-Vilaine).
B. 1900. — Bretagne.
Par *Hercule*, 1/2 s. Norf.-B., et une fille de Bataille, 1/2 s. N.
Hennebont : depuis 1904.

TAPAHA (approuvé).
Cte de Carheil (Morbihan).
B. 1897. — Bretagne.
Par *Cantineer*, 1/2 s. Norf.-A., et une fille de Beauséjour,
1/2 s. Char.
Hennebont : depuis 1901.

TENARE (approuvé).
M. Pierre Gonézec (Finistère).
Is. 1897. — Bretagne.
Par *Lord-Randy*, 1/2 s. Norf.-A., et une fille d'Amasis, 1/2 s. N.
Hennebont : depuis 1901.

THE GENERAL (approuvé). — M. Roblet (Morbihan).
B. 1898. — Bretagne.
Par *The General*, 1/2 s. Norf.-A.
Hennebont : 1902-1905.

THÉPOT. — H. N.
Ro. 1897. — Finistère.
Par *Lenthéric* ou *Marot*, 1/2 s. B., et Rouanne,
par Jacob, 1/2 s. B.
Hennebont : depuis 1901.

THERMIDOR, ex-**INO**. — H. N.
B. 1876. — Finistère.
Par *Ino*, 1/2 s. N., et N., par Enée, 1/2 s. N.
Lamballe : 1881-1900. — Réformé le 28 juillet.

TILLAC, ex-**MASTRILLAC**. — H. N.
Al. 1897. — Finistère.
Par *Gaston*, 1/2 s. B., ou *Amasis*, 1/2 s. N., et Minette,
par Némo.
Sa grand'mère : par Jarnidieu, 1/2 s. B.
Hennebont : depuis 1901.

TITUS, ex-**CIRUS**. — H. N.
B. 1897. — Finistère.
Par *Bataille*, 1/2 s. N. et *Pâquerette*, par Amasis, 1/2 s. N.
Hennebont : depuis 1901.

TOULFOUEN. — H. N.

Aub. 1897. — Bretagne.

Par *Hermès*, 1/2 s. N., ou *Jacob*, 1/2 s. B., et *Belette*,
par Bledelow, 1/2 s. A.

Lamballe : depuis 1901.

TRÉBABU. — H. N.

B. 1875. — Finistère.

Par *Windham*, P. S. A., et une fille d'Aubriot, 1/2 s. B.

Hennebont : 1879-1886. — Réformé le 26 août.

TRÉGASTEL. — H. N.

N. 1897. — Bretagne.

Par *Plouescat*, 1/2 s. B.

Lamballe 1901-1903. — Réformé le 11 août.

TRIC-TRAC. — H. N.

Bb. 1897. — Bretagne.

Par *Obus II*, 1/2 s. N., et *Girofla*, par Tigris, 1/2 s. N.

Sa grand'mère : Alice, P. S. A., par Atlas.

Lamballe : depuis 1901.

TRIPLE-SEC. — H. N.

Aub. 1898. — Bretagne.

Par *Jacob*, 1/2 s. B.

Lamballe : depuis 1902.

TRIPOLI (approuvé). — M. Cochennec (Finistère).

B. 1897. — Bretagne.

Par *Marcheur*, 1/2 s. N., et une fille d'Iton 1/2 s. N.

Hennebont : 1901-1903.

TRITON, ex-**PASSE-PARTOUT**. — H. N.

B. 1897. — Côtes-du-Nord.

Par *Impair*, 1/2 s. N., et *Bichette*, par Penbas, 1/2 s. Norf.-B.

Sa grand'mère : par Ino, 1/2 s. N.

Hennebont : depuis 1901.

TURBIGO (approuvé).
M. Jegorel (Morbihan).
B. 1896. — Bretagne.
Par *Obélisque*, 1/2 s. N., et une fille d'Etienne, 1/2 s. N.
Hennebont : depuis 1901.

TURPIN (approuvé). — M. Rolland (Finistère).
Al. 1897. — Bretagne.
Par *Lophofor*, 1/2 s. N. ou *Marot*, 1/2 s. B., et une fille
de Gaston, 1/2 s. Norf.-B.
Hennebont : depuis 1901.

TYPIQUE (approuvé).
M. Gendron (Ille-et-Vilaine).
Al. 1896. — Bretagne.
Par *Exilé*, 1/2 s., et une fille de Radieux, 1/2 s. N.
Hennebont : depuis 1901.

UGUEN. — H. N.
Al. 1898. — Bretagne.
Par *Old-Times*, 1/2 s. A., et *Hatira*, par The General, 1/2 s. A.
Sa grand'mère : N., par Champion, 1/2 s. N.
Lamballe : depuis 1902.

UKASE (approuvé).
MM. Autret, 1902 ; G. Lavanant, 1903 (Finistère).
B. 1898. — Bretagne.
Par *Howsham-Performer*, 1/2 s. A., et *N.*, par Gaston,
1/2 s. B.
Lamballe : depuis 1902.

ULÉMA, ex-**PRÉSIDENT**. — H. N.
Aub. 1898. — Finistère.
Par *The General*, 1/2 s. Norf.-A., et *Dora*, par Jacob, 1/2 s. B.
Sa grand'mère : par Salses, 1/2 s. Norf.-B.
Hennebont : depuis 1902.

ULM, ex-**LORDISE**. — H. N.
Al. 1898. — Finistère.
Par *Lord-Dash*, 1/2 s. Norf.-A.
Hennebont : 1902-1905. — Réformé le 12 août.

ULTRA. — H. N.
Aub. 1898. — Bretagne.
Par *Jacob*, 1/2 s. B.
Lamballe : depuis 1902.

ULYSSE (approuvé).
MM. Gourdin, 1902 ; Boutin, 1903 ; Marion, 1904 (Finistère).
Aub. 1898. — Bretagne.
Par *Jacob*, 1/2 s. B., et une fille de Salses, 1/2 s. N.
Hennebont : 1902. — Lamballe : 1903.
Hennebont : depuis 1904.

UNANN. — H. N.
Aub. 1898. — Bretagne.
Par *Jacob*, 1/2 s. B., et *Minette*, par Jérémie, 1/2 s. B.
Lamballe : depuis 1902.

UNÉRIC. — H. N.
B. 1898. — Bretagne.
Par *Lord-Randy*, 1/2 s. A.
Lamballe : depuis 1902.

UNIQUE. — H. N.
Al. 1898. — Bretagne.
Par *Lord-Randy*, 1/2 s. A., et *Véléda*, par Chambois, P. S. A.
Sa grand'mère : N., par Fire-King, 1/2 s. A.
Lamballe : depuis 1902.

URANUS (approuvé).
MM. Elard, 1902 ; Belbeock, 1903 (Finistère).
Ro. 1898. — Bretagne.
Par *Général*, 1/2 s. Norf.-B. (approuvé), et une fille de Old-Times,
1/2 s. Norf.-A.
Lamballe : 1902. — Hennebont : depuis 1903.

URFÉ, ex-MATHURIN. — H. N.
Al. 1898. — Finistère.
Par *Lenthéric*, 1/2 s. B., ou *Lord-Randy*, 1/2 s. Norf.-A.
Hennebont : depuis 1902.

URGENT, ex-**PETITJEAN**. — H. N.
B. 1898. — Finistère.
Par *Lenthéric*, 1/2 s. B., et *Minette*, par Ino, 1/2 s. N.
Sa grand'mère : par Pretender, 1/2 s. Norf.-A.
Hennebont : depuis 1902.

URION, ex-**CHAMPION**. — H. N.
Al. 1898. — Finistère.
Par *Jacob*, 1/2 s. B., et *Ribus*, par Bitley, 1/2 s. Norf.-A.
Sa grand'mère : par Tout-Juste, 1/2 s. B. (approuvé).
Hennebont : 1902-1905. — Réformé le 12 août.

URUS, ex-**MONTAIN**. — H. N.
Al. 1898. — Finistère.
Par *Kerbanco*, 1/2 s. B.
Hennebont : 1902-1903. — Réformé le 6 août.

USITÉ (approuvé).
MM. Quilliou, 1889 ; Rolland, 1894 (Finistère).
B. 1885. — Bretagne.
Par *Vaduis*, 1/2 s. N., et une fille de Quatrain, 1/2 s. N.
Hennebont : 1889-1901.

UZEL. — H. N.
Al. 1898. — Bretagne.
Par *Hard-Times*, 1/2 s. A., et *Coquette*, par Rochambeau, 1/2 s. N.
Sa grand'mère : N., par Norfolk-Star, 1/2 s. A.
Lamballe : depuis 1902.

VABADAO, ex-**JABADAO**. — H. N.
Al. 1889. — Finistère.
Par *Naontec*, 1/2 s. Norf.-B., et *Mutine*, par Laoston, 1/2 s. B.
Hennebont : depuis 1903.

VAINQUEUR (approuvé).
M. Laurent Plouzennec (Finistère).
Al. 1900. — Bretagne.
Par *Naontec*, 1/2 s. Norf.-B., et une fille de Saül, 1/2 s. Norf.-B.
Hennebont : depuis 1904.

VAINQUEUR (approuvé). — M. Gourdin (Finistère).
Ro. 1899. — Bretagne.
Par *Naontec*, 1/2 s. Norf.-B.
Hennebont : depuis 1903.

VANDALE (approuvé).
Mme Ve Judgé (Ille-et-Vilaine).
Al. 1888. — Ille-et-Vilaine.
Par *Vandale*, 1/2 s. B., et une fille de Bijou, 1/2 s.
Hennebont : 1892-1905.

VA-NU-PIEDS, ex-**AMOS** (approuvé).
M. François Perrin (Ille-et-Vilaine).
Ro. 1900. — Bretagne.
Par *Hercule*, 1/2 s. Norf.-B., et une fille de Juniper,
1/2 s. Norf.-A.
Hennebont : depuis 1904.

VAQUEUR. — H. N.
Al. 1899. — Bretagne.
Par *Hercule*, 1/2 s. B., et *Rosette*, par Uliiel, 1/2 s. B.
Lamballe : 1903-1905. — Réformé le 19 août.

VARO, ex-**FARO**. — H. N.
Aub. 1899. — Finistère.
Par *Lord-Randy*, 1/2 s. Norf.-A., et *Pharette*, par Lophofor
ou Etretat, 1/2 s. N.
Sa grand'mère : par Amasis, 1/2 s. N.
Sa bisaïeule : par Fire-King, 1/2 s. Norf.-A.
Hennebont : depuis 1903.

VARTIN. — H. N.
Al. 1899. — Bretagne,
Par *The General*, 1/2 s. A., et *Lucie*, par Great-Gun, 1/2 s. A.
Lamballe : depuis 1903.

VÉAR, ex-**NEARQUE**. — H. N.
Aub. 1899. — Finistère.
Par *Naontec*, 1/2 s Norf.-B., et *Fanny*, par Saül, 1/2 s. B.
Hennebont : depuis 1903.

VÉLOCIPÈDE. — H. N.
Aub. 1899. — Bretagne.
Par *Kerloïs*, 1/2 s. B., et *N.*, par Old-Times, 1/2 s. A.
Sa grand'mère : par Usité, 1/2 s. N.
Lamballe : depuis 1903.

VÉNÉRAL. — H. N.
Aub. 1899. — Bretagne
Par *The General*, 1/2 s. A., et *Minette*, par Bitley, 1/2 s. A.
Sa grand'mère : par Great-Gun, 1/2 s. A.
Lamballe : depuis 1903.

VENEUR (approuvé).
Mme Ve Mélinaire ; M Lestrohan, 1901 (Morbihan).
Ro. 1884. — Bretagne.
Par *Veneur*, 1/2 s. N., et une fille de Fire-King, 1/2 s. A.
Hennebont : depuis 1888.

VENTRILOQUE (autori-é).
M. Hénaff (Finistère).
Al. 1901. — Bretagne.
Par *Lesquivy* (Trait) ou *Laon*, 1/2 s. N.
Lamballe : depuis 1905.

VERLAIN. — H. N.
Al. 1899. — Bretagne.
Par *Quillier*, 1/2 s. N., et *Alma*, par Windham, P. S. A.
Sa grand'mère : Brune, par Hermion, 1/2 s. B.
Lamballe : depuis 1903.

VERMO. — H. N.
Al. 1899. — Bretagne.
Par *Quanturus*, 1/2 s. B.
Lamballe : depuis 1903.

VERNI. — H. N.
N. 1899. — Finistère.
Par *The General* 1/2 s. Norf.-A., et *Fanie*, par Hotspur,
1/2 s. Norf.-A.
Hennebont : 1903. — Mort le 6 mars 1904.

VESTOR. — H. N.
Ro. 1899. — Bretagne.
Par *Nestor*, 1/2 s. B., et *Lucie*, par Kamors, 1/2 s. N.
Lamballe : depuis 1903.

VIBRANT. — H. N.
Al. 1899. — Bretagne.
Par *Lord-Randy* ou *Bank-Note*, 1/2 s. A., et *Rouanne*,
par Fire-King, 1/2 s. A.
Lamballe : depuis 1903.

VIRUS. — H. N.
Al. 1899. — Bretagne.
Par *Nestor*, 1/2 s. B., et *Rosette*, par Juniper, 1/2 s. A.
Sa grand'mère : N., par Gédéon, 1/2 s. B.
Lamballe : depuis 1903.

VOEL. — H. N.
Aub. 1899. — Bretagne.
Par *Old Times*, 1/2 s. A., et *Baille*, par Arioste, 1/2 s. N.
Lamballe : depuis 1903.

VOIRON. — H. N.
Al. 1899. — Bretagne.
Par *Lord-Randy* 1/2 s. A., et *Quénotte*, par Lenthéric, 1/2 s. B.
Lamballe : depuis 1903.

VOLGA. — H. N.
B. 1899. — Finistère.
Par *Hercule*, 1/2 s. Norf.-B., et *Lucie*, présumée par Jacob,
1/2 s. B.
Hennebont : 1903-1905. — Réformé le 12 août.

VOLTAIRE (approuvé). — M. Jalu (Morbihan).
Gr. 1877. — Bretagne.
Par *Alonzo-the-Brave*, 1/2 s. Norf.-A., et une fille de Neptune.
1/2 s. B.
Hennebont : 1881-1899.

VOMAS. — H. N.
Aub. 1899. — Bretagne.
Par *The General*, 1/2 s. A., et *Coquette*, par Jacob, 1/2 s. B.
Sa grand'mère : par Hermion, 1/2 s. B.
Lamballe : depuis 1903.

VOQUEUR, ex-**VAINQUEUR**. — H. N.
Al. 1899. — Finistère.
Par *Jacob*, 1/2 s B., et *Jalousie*, par The General, 1/2 s. Norf.-A.
Hennebont : depuis 1903.

WONDER (approuvé). — M. Belbéock (Finistère).
Al. 1896. — Bretagne.
Par *Althorp-Wonder*, 1/2 s. Norf.-A., et une fille d'Obligeant,
1/2 s. N.
Hennebont : depuis 1901.

XANTUS (approuvé). — M. Jean-Louis Autret (Finistère).
N. 1901. — Bretagne.
Par *Bank-Note*, 1/2 s. A. et *N*, par Sénégal, 1/2 s. N.
Sa grand'mère : N., par The General, 1/2 s. A.
Lamballe : depuis 1905.

YALROC. — H. N.
Ro. 1889. — Ille-et-Vilaine.
Par *Corlay*, 1/2 s. B., et une fille de Kapirat II, 1/2 s. V.
Sa grand'mère : par Necker, 1/2 s. N.
Hennebont : depuis 1893.

YOUNG (approuvé). — M. Roblet (Morbihan).
Ro. 1901. — Bretagne.
Par *Wisdom*, 1/2 s. Norf.-A., et une fille de Cosaque.
1/2 s. B. (approuvé).
Hennebont : depuis 1905.

2°

ÉTALONS

IMPORTÉS DANS LES CIRCONSCRIPTIONS DE LAMBALLE

ET D'HENNEBONT

ÉTALONS

Importés dans les Circonscriptions de Lamballe et d'Hennebont

---

ACQUIT, ex-**AQUILON**, 1/2 s. N. — **H. N.**
B. 1900. — Orne.
Par *Nizam*, 1/2 s. **N.**, et *Rabat-Joie*, par Juvigny, 1/2 s. **N.**
Sa grand'mère : Jessie, par Vichnou, P. S. **A.**
Hennebont : depuis 1904.

AIGNAN, ex-**AIGLON**, 1/2 s. **N.** — H. N
B. 1900. — Orne.
Par *Humewood*, P. S. A., et *Orobe*, par Edimbourg, 1/2 s. N.
Sa grand'mère : Pegriotte, par Elu, 1/2 s. N.
Hennebont : depuis 1904.

ALETORPE-BASIL, 1/2 s. Norf.-A. — H. N.
B. 1898. — Angleterre.
Par *Stow-Gabriel*, 1/2 s. Norf.-A., et *Aletorpe-Bridget*,
par Cadet, 1/2 s. Norf.-A.
Hennebont : 1902. — Mort le 22 mars 1903.

ALLELUIA, 1/2 s. N. — H. **N.**
B. 1900. — Manche.
Par *Riche-en-Goule*, 1/2 s. **N.**, et *Incomprise*, par Banuyls,
1/2 s. N.
Sa grand'mère : Poulette, par Ignoré, 1/2 s. N.
Sa bisaïeule : par Jay, 1/2 s. N.
Hennebont : 1904. — Réformé le 18 août.

ALLO-ALLO, 1/2 s. N. — H. N.
Ro. 1900. — Calvados.
Par *Nabucho*, 1/2 s. N., et *Rosine*, par Yacoub, 1/2 s. N.
Sa grand'mère : Coquette, par Eclaireur, 1/2 s. N. (approuvé).
Hennebont : 1904-1905. — Réformé le 12 août.

ALTHORP-WONDER, 1/2 s. A. — H. N.
Ro. 1885. — Angleterre.
Par *Star-of-the-East*, 1/2 s. A., et *Fanny*, 1/2 s. A.
Hennebont : 1891-1903. — Réformé le 5 décembre.

ALTIER, ex-**ALPHA**, 1/2 s. N. — H. N.
Al. 1900. — Eure.
Par *Echo*, 1/2 s. N., et *N.*, par Kaïn, 1/2 s. N.
Sa grand'mère : Hirondelle, par Quickly, 1/2 s. N.
Lamballe : depuis 1904.

ALUN, ex-**ALLEGRO**, 1/2 s. N. — H. N.
B. 1900. — Orne.
Par *Cherbourg*, 1/2 s. N., et *Ma-Cousine*, par Kaolin, P. S. A.
Sa grand'mère : Isabelle, par Liberator, 1/2 s. A.
Hennebont : depuis 1904.

ALZON, ex-**ALSACIEN**, 1/2 s. N. — H. N.
B. 1900. — Manche.
Par *Dacapo*, 1/2 s. N., et *Pacification*, par Santerre, 1/2 s. N.
Sa grand'mère : Fregate, par Lodi, 1/2 s. N.
Sa bisaïeule : par Quasi, 1/2 s. N.
Sa quadrisaïeule : par Urus, 1/2 s. N.
5e degré : N., par Marengo, P. S. A.-Ar.
Hennebont : depuis 1904.

AMASIS, ex-**AZI**, 1/2 s. N. — H. N.
B. 1878. — Calvados.
Par *Elu*, 1/2 s. N., et *Locomotive*, par Esculape, 1/2 s. N.
Sa grand'mère : par Abrantès, 1/2 s. N.
Lamballe : 1882-1898. — Réformé le 1er août.

AMONT, ex-**AMIRAL**, 1/2 s. N. — H. N.
B. 1900. — Manche.
Par *Hérode*, 1/2 s. N., et *Capote*, par Dacapo, 1/2 s. N.

Sa grand'mère : Prudence, par Shamrock, 1/2 s. A.
Sa bisaïeule : par Lodi, 1/2 s. N.
Sa quadrisaïeule : par Succès, 1/2 s. N.

Hennebont : depuis 1904.

APERFIELD, 1/2 s. Norf.-A. — H. N.
Al. 1890. — Angleterre.
Par *Candidate*, 1/2 s. A., et *Primrose*, 1/2 s. A.

Inscrit au S. B. des Hackneys n° 3416.

Lamballe : 1897-1901. — Réformé le 22 août.

ARCOT, ex-**ABRICOT**, 1/2 s. N. — H. N.
B. 1900. — Manche.
Par *Levraut*, 1/2 s. N., et *Perle*, par Fontenay, 1/2 s. N.

Sa grand'mère : par Ministère, P. S. A.
Sa bisaïeule : par Ugolin, 1/2 s. N.

Hennebont : 1904. — Réformé le 18 août.

ARIS, ex-**ARISTOTE**, 1/2 s. N. — H. N.
B. 1900. — Sarthe.
Par *James-Watt*, 1/2 s. N., et *Florence*, par Quiclet, 1/2 s. N.

Sa grand'mère : Fulla, par Abrantes, 1/2 s. N.
Sa bisaïeule : par Elu, 1/2 s. N.

Hennebont : 1904. — Réformé le 18 août.

ARRAS, 1/2 s. N. — H. N.
Al. 1900. — Manche.
Par *Nisko*, 1/2 s. N.
Hennebont : depuis 1904.

ARRÊT, ex-**ARTHUR**, 1/2 s. N. — H. N.
Ro. 1900. — Calvados.
Par *Révérend*, 1/2 s. N., et *Souche*, par Facteur, 1/2 s. N.
(approuvé).
Lamballe : depuis 1900.

AS-DE-CARREAU, 1/2 s. N. — H. N.
B. 1900. — Calvados.
Par *Narquois*, 1/2 s. N., et *Pont-l'Evêque*, par Galba, 1/2 s. N.
Sa grand'mère : Golconde, par Hippomène, 1/2 s. M.
Sa bisaïeule : N., par Normand, 1/2 s. N.
Lamballe : depuis 1904.

ATTORNEY, 1/2 s. N. — H. N.
B. 1878. — Manche.
Par *Quettreville*, 1/2 s. N., et *Bijou*, par Beaumanoir, 1/2 s. N.
Sa grand'mère : fille de Cancale, 1/2 s. N.
Hennebont : 1882. — Réformé le 7 décembre.

AUBIGNY, 1/2 s. N. — H. N.
B. 1878. — Manche.
Par *Oranger*, 1/2 s. N., et *Lisette*, par Inkermann, 1/2 s. N.
Hennebont : 1883-1898. — Réformé le 1er août.

BAINTON-RUFUS-JUNIOR, 1/2 s. Norf.-A. — H. N.
Al. 1895. — Angleterre.
Par *Chocolate-Junior*, 1/2 s. Norf.-A., et *Camilla*,
par Denmarck, 1/2 s. Norf.-A.
Hennebont : 1899-1903. — Réformé le 8 juillet.

BALADEUR, 1/2 s. N. — H. N.
B. 1901. — Manche.
Par *Harley*, 1/2 s. N., et *Junon II*, par Lavater, 1/2 s. N.
Sa grand'mère : Miss-Boy, par Pretty-Boy, **P. S.**
Sa bisaïeule : par Divus, 1/2 s. N.
Sa quadrisaïeule : par Ravissant, 1/2 s. N.
5e degré : N., par Lagopède, 1/2 s. N.
Hennebont : depuis 1905.

BALADIN, 1/2 s. N.
Autorisé en 1896; approuvé en 1897.
M. Cosnard (Ille-et-Vilaine).
Ro. 1886. — Normandie.
Par *Serpolet-Rouan*, 1/2 s. N., et une fille d'Ouvrier,
1/2 s. N. (approuvé).
Hennebont : 1896-1904.

BALIZAC, ex-**BALZAC**, 1/2 s. N. — H. N.
N. 1901. — Calvados.
Par *Revigny*, 1/2 s. N., et *Clarinette*, par Saint-Rigomer,
1/2 s. N.
Lamballe : depuis 1905.

BALOURD, ex-**BALLON**, 1/2 s. N. — H. N.
Al. 1901. — Calvados.
Par *Rabelais*, 1/2 s. N., et *Surprise*, par Hetman, 1/2 s. N.
Sa grand'mère : Ode, par Brutus, P. S. A. (approuvé).
Sa bisaïeule : par Aramis, 1/2 s. N. (approuvé).
Hennebont : depuis 1905.

BANK-NOTE, 1/2 s. Norf.-Angl. — H. N.
B. 1893. — Angleterre.
Par *Lord-Rattler* et *Nasturtium*, par Foston-Fire-Away.
Lamballe : 1898-1902. — Réformé le 21 août.

BANKY, ex-**YANKEE**, 1/2 s. N. — H. N.
B. 1901. — Calvados.
Par *Michigan*, 1/2 s. N., et *Patie-West*, par West-Cloud,
1/2 s. Am.
Sa grand'mère : Patie, jument américaine.
Hennebont : depuis 1905.

BARBE-EN-ZINC, 1/2 s. N. — H. N.
Bb. 1889. — Calvados.
Par *Tigris*, 1/2 s. N., et *Hadaune*, par Rivoli, 1/2 s. N.
Sa grand'mère : N., par Niger, 1/2 s. N.
Lamballe : 1894-1900.

BATAILLE, 1/2 s. N. — H. N.
Al. 1879. — Orne.
Clear-the-Way, 1/2 s. A., et *Florentine*, par Fleuron,
1/2 s. N.
Lamballe : 1883-1901. — Réformé le 7 mai.

BATTEUR, ex-**BAT**, 1/2 s. N. — H. N.
B. 1901. — Calvados.
Par *Kronstadt*, 1/2 s. N.
Lamballe : depuis 1905.

BAUSIL, ex-**BRETTEUR**, 1/2 s. N. — H. N.
B. 1901. — Manche.
Par *Rochambeau*, 1/2 s. N., et *Blanc-Pied*, par Bataillon,
1/2 s. N.

Sa grand'mère : Castille, par Daniel, 1/2 s. N. (approuvé).
Sa bisaïeule : par Arétin, 1/2 s. N. (approuvé.)

Hennebont : depuis 1905.

B. B. RUMWOOD, 1/2 s. Norf.-A. — H. N.
Al. 1898. — Angleterre.
Par *Tonques II*, 1/2 s. A. et *N.*, par Matchless-of-Londesboro,
1/2 s. A.

Lamballe : depuis 1903.

BEAU, ex-**BEAUJOLAIS**, 1/2 s. N.— H. N.
Al. 1901. — Calvados.
Par *Quidam*, 1/2 s. N., et *Pilsen*, par Virgile, 1/2 s. N.

Sa grand'mère : Castille, par Vert-Luron 1/2 s. N.

Hennebont : depuis 1905.

BÉGONIA, 1/2 s. N. — H. N.
B. 1879. — Calvados.
Par *Noville*, .1/2 s. N., et *Cendrillon*, par Conquérant, 1/2 s. N.
La Roche-sur-Yon : 1885-1890. — Lamballe : 1891-1899.
Réformé le 9 octobre.

BERNADOTTE, 1/2 s. N. — H. N.
B. 1901. — Orne.
Par *Narcisse*, 1/2 s. N., et *Katrina*, par Cherbourg, 1/2 s. N.

Sa grand'mère : Noémie, par Parthénon, 1/2 s. N.

Lamballe : depuis 1905.

BILBO, ex-**BILBOQUET**, 1/2 s. N. — H. N.
B. 1901. — Manche.
Par *Kronstadt*, 1/2 s. N., et *Simagrée*, par Kaback, 1/2 s. N.

Sa grand'mère : par Cadix, 1/2 s. N.

Hennebont : depuis 1905

BILOQUET, ex-**BILBOQUET**, 1/2 s. N. — H. N.
B. 1901. — Manche.
Par *Nostradamus*, 1/2 s. N., et *Trappe*, par Nisko, 1/2 s. N.
Sa grand'mère : N., par Caprara, 1/2 s. N.
Sa bisaïeule : N., par Alsacien, 1/2 s. N.
Lamballe : depuis 1905.

BIRDSALL-CONNAUGHT, 1/2 s. Norf.-Ang. — H. N.
Al. 1894. — Angleterre.
Par *Garton-Duke-of-Connaught*, et *Daisy-Triffithna*,
par Fire-Away.
Lamballe : depuis 1898.

BITLEY, ex-**JUNIPER**, 1/2 s. Norf. — H. N.
B. 1886. — Angleterre.
Par *Lord-Bardolph*, 1/2 s. Norf.-A., et une fille de Spidler,
1/2 s. Norf.-A.
Lamballe : 1890-1904. — Réformé le 9 août.

BLACK-ARROW, 1/2 s. A. — H. N.
N. 1891. — Angleterre.
Par *Charley-Merry-Legs III*, et *Dina*, par Denmark, 1/2 s. A.
Hennebont : depuis 1897.

BOILET, 1/2 s. N. — H. N.
N. 1901, — Calvados.
Par *Ouragan*, 1/2 s. N. (approuvé), et *Arlette*, par Normand,
1/2 s. N.
Sa grand'mère : par Conquérant, 1/2 s. N.
Hennebont : depuis 1905.

BONNETEAU, 1/2 s. N. — H. N.
Ro. 1901. — Orne.
Par *Qu'il-Va*, 1/2 s. N.
Hennebont : depuis 1905.

BON-SÉJOUR, 1/2 s. N. — H. N.
B. 1901. — Manche.
Par *Sincerity*, 1/2 s. N., et *Tulipe*, par Nancy, 1/2 s. N.
Sa grand'mère : Lisette, par Robert, 1/2 s. N. (approuvé).
Hennebont : depuis 1905.

BON-SENS, 1/2 s. N. — H. N.

B. 1901. — Manche.

Par *Nisko*, 1/2 s. N., et *Lida*, par Esbly, 1/2 s. N.

Sa grand'mère : La Petite, par Alsacien, 1/2 s. N.
Sa bisaïeule : par Laboureur, 1/2 s. N.

Hennebont : depuis 1905.

BONSOIR, 1/2 s. N. (approuvé).

M. Gérard (Ille-et-Vilaine).

Al. 1901. — Normandie.

Par *Quorum*, 1/2 s. N., et une fille de Quiclet, 1/2 s. N.

Hennebont : depuis 1905.

BOULOUPARI, 1/2 s. N. — H. N.

Al. 1901. — Manche.

Par *Quartier-Maître*, 1/2 s. N., et *Numance* par Valencourt,
1/2 s. N. (approuvé).

Sa grand'mère : Loïse, par Qui-Vive, 1/2 s. N.
Sa bisaïeule : par Conquérant, 1/2 s. N.

Hennebont : depuis 1905.

BREST, ex-**BALTHAZAR**, 1/2 s. N. — H. N.

B. 1901. — Manche.

Par *Sebecourt*, 1/2 s. N., et *Mignonne*, par Sérieux, 1/2 s. N.

Sa grand'mère : Madelon, par Bayard, 1/2 s. N.

Hennebont : depuis 1905.

BRÉVILLE, 1/2 s. N. — H. N.

Aub. 1901. — Calvados.

Par *Oiseau-Mouche*, 1/2 s. N.

Lamballe : depuis 1905.

BRULLEMAIL, 1/2 s. N. — H. N.

Al. 1901. — Orne.

Par *Fuschia*, 1/2 s. N., et *Eglantine II*, par Niger,
1/2 s. N.

Lamballe : depuis 1905.

BUGEOT, 1/2 s. N. — H. N.

B. 1901. — Manche.

Par *Dacapo*, 1/2 s. N., et *Sphère*, par Val-de-Sée, 1/2 s. N.
(approuvé).

Sa grand'mère : N., par Jackson, 1/2 s. N.
Sa bisaïeule : N., par Madère, 1/2 s. N.

Lamballe : 1905. — Réformé le 30 novembre.

BURY-PERFORMER, 1/2 s. Norf.-A. — H. N.

Al. 1891. — Angleterre.

Par *Silver-Cross*, 1/2 s. Norf.-A., et *Mermaid*, par Lord-Derby,
1/2 s. Norf.-A.

Hennebont : 1897-1898. — Réformé le 13 mai.

CALIGULA, éx-**CLAIRON**, 1/2 s. N. — H. N.

Bb. 1877. — Normandie.

Origine inconnue.

Lamballe : 1884-1898. — Réformé le 1er août.

CAMBESFORTH-SQUIRE, 1/2 s. Norf.-A. — H. N.

Al. 1899. — Angleterre.

Par *Rosador*, 1/2 s. Norf.-A., et une fille de North-Star,
1/2 s. Norf.-A.

Hennebont : depuis 1903.

CANTINEER, 1/2 s. A. — H. N.

B. 1887. — Angleterre.

Hennebont : 1894-1902. — Réformé le 20 août.

CÉDAR-KING, 1/2 s. Norf. — H. N.

Al. 1899. — Angleterre.

Par *Rosador*, 1/2 s. A, et *N.*, par Garton-Denmark, 1/2 s. A.

Lamballe : depuis 1903.

CHAMPION, 1/2 s. N. — H. N.

Al. 1880. — Manche.

Par *Newton*, 1/2 s. N., et *Parfaite*, par Divus, 1/2 s. N.

Sa grand'mère : par Junior, 1/2 s. N.
Sa bisaïeule : par Ballinkeele, P. S. A.

Lamballe : 1884-1898. — Réformé le 11 novembre.

CLIPSTON, 1/2 s. Norf.-A. — H. N.
B. 1895. — Angleterre.
Par *Chocolat-Junior*, 1/2 s. Norf.-A., et *Lightsome*,
par Fire-Away, 1/2 s. Norf.-A.
Hennebont : depuis 1900.

CONTENT, ex-JOVIAL, 1/2 s. N. — H. N.
B. 1886. — Eure.
Par *Hippomène*, 1/2 s. M., et *Mademoiselle-de-Sainte-Opportune*,
par Rivoli, 1/2 s. N.
(Voir section normande, t. I, n° 281).
Le Pin : 1891-1897. — Lamballe : depuis 1898.

CORIANDER, 1/2 s. — H. N.
Al. 1880. — Aisne.
Par *Gaspardo*, 1/2 s. A., et *Danaë*, 1/2 s. A.
Lamballe : 1884-1899. — Réformé le 4 août.

CORNFACTOR, 1.2 s. Norf.-A. — H. N.
Al. 1896. — Angleterre.
Par *Rosencrantz*, 1/2 s. A., et *Housemaid*,
par Matchless-of-Londesboro, 1/2 s. A.
Lamballe : depuis 1902.

CREAKE-MATCHLESS, 1/2 s. Norf.-A. — H. N.
Al. 1900. — Angleterre.
Par *Moncreiffe-Emperor*, 1/2 s. Norf., et *Maidie*, 1/2 s. Norf.
Lamballe : depuis 1904.

CUPBEARER, 1/2 s. Norf.-A. — H. N.
Al. 1894. — Angleterre.
Par *Ganymède*, 1/2 s. Norf.-A., et *Carte-Blanche*,
par Champion, 1/2 s. Norf.-A.
Hennebont : depuis 1900.

DAINTY-BOY, 1/2 s. Norf. — H. N.
Al. 1894. — Angleterre.
Par *Garton-Duke-of-Connaught*, 1/2 s. Norf.-A., et *Dainty*,
par Denmark, 1/2 s. Norf.-A.
Lamballe : depuis 1899.

DANEGELT-MASTER, 1/2 s. Norf.-A. — H. N.
Al. 1898. — Angleterre.
Hennebont : depuis 1904.

DENMARK-VIGOROUS, 1/2 s. Norf.-A. — H. N.
Al. 1896. — Angleterre.
Par *Danegelt*, 1/2 s. Norf.-A., et *Vicountess-Excel*, par Vigourous,
1/2 s. Norf.-A.
Lamballe : depuis 1900

DOBROYD, 1/2 s. Norf.-A. — H. N.
B. 1894. — Angleterre.
Lamballe : 1901-1904. — Réformé le 30 août.

DREAM, 1/2 s. N. (approuvé). — M. L. Gérard (Ille-et-Vilaine).
B. 1881. — Normandie.
Par *Rénémesnil*, 1/2 s. N., et une fille de Jactator, 1/2 s. N.
Hennebont: 1889-1902.

ENFIELD-RUFUS, 1/2 s. Norf.-A. — H. N.
Ro. 1894. — Angleterre.
ar *Vigourous*, 1/2 s. Norf., et *Youthfull-Blue-bell*, 1/2 s. A.
Lamballe : depuis 1904.

ENGHIEN, ex-**EXPOSÉ**, 1/2 s. N. — II. N.
B. 1882. — Manche.
Par *Sérieux*, 1/2 s. N., et *Ragot*, par Violent, 1/2 s. N.
Lamballe : 1886-1899. — Réformé le 4 août.

ÉTIENNE, ex-**EPATEUR**, 1/2 s. N. — II. N.
B. 1882. — Calvados.
Par *Utrecht*, 1/2 s. N., et *Margot*, par Harmonieux, 1/2 s. N.
Sa grand'mère : par Eylau, P. S. A.-Ar.
Lamballe : 1886-1902. — Réformé le 2 août.

ÉTRETAT, 1/2 s. N. — H. N.
B. 1882. — Calvados.
Par *Phare*, 1/2 s. N., et *Lisette*, par Bravo, 1/2 s. N.
Sa grand'mère : par Kapirat, 1/2 s. N.
Lamballe : 1886-1898. — Réformé le 1er août.

EXILÉ, 1/2 s. N. (approuvé).
M. Limée, 1886 ; M. Surcouff, 1887 ; M. Fauvel, 1893
(Ille-et-Vilaine).
Bb. 1882. — Normandie.
Par *Ximénès*, 1/2 s. N.
Hennebont : 1886-1899.

FERRET, ex-**FAISAN**, 1/2 s. N. — H. N.
Bb. 1883. — Calvados.
Par *Phare*, 1/2 s. N., et *Rosette*, par Quotient, 1/2 s. N.
Sa grand'mère : par Dimanche, 1/2 s. N.
Lamballe : 1887-1903. — Réformé le 11 août.

FINANCIER, 1/2 s. N. (approuvé).
M. Gourdin (Finistère).
B. 1883. — Normandie.
Par *Turco* ou *Renemesnil*, 1/2 s. N., et une fille de Soldat,
1/2 s. N.
Hennebont : 1901 et 1902.

FIRST-MAYOR, 1/2 s. Norf. — H. N.
Bb. 1896. — Angleterre.
Par *Rosador*, 1/2 s. Norf.-A., et *Curfew-Flower*, par Curfew,
1/2 s. A.
Lamballe : 1900-1904. — Réformé le 30 août.

FITZ-ROSE, 1/2 Norf.-A. — H. N.
Al. 1899. — Angleterre.
Par *Royal-Danegelt*, 1/2 s. Norf.-A., et *Miss-Rose*, 1/2 s. Norf.-A.
Hennebont : depuis 1904.

GALILÉE, 1/2 s. N. — H. N.
Al. 1884. — Orne.
Par *Typique*, 1/2 s. N., et *Bernique*, par Liberator, 1/2 s. A.
Hennebont : 1888-1900. — Réformé le 14 août.

GALLUS, ex-**NEWMARKET**, 1/2 s. N. — H. N.
Bb. 1884. — Eure.
Par *Rivoli*, 1/2 s. N., et *Nitta*, par Ipsilanty, 1/2 s. N.
Sa grand'mère : par Pledge, 1/2 s. N.
Hennebont : 1888-1901. — Réformé le 16 août.

GASPARD, 1/2 s. N. — H. N.
N. 1884. — Calvados.
Par *Valencourt*, 1/2 s. N., et *Niniche*, par Phaëton, 1/2 s. N.
Sa grand'mère : par Conquérant, 1/2 s. N.
Hennebont : 1888-1900. — Réformé le 14 août.

GENTLEMAN, 1/2 s. N. — H. N.
Bb. 1884. — Calvados.
Par *Tigris*, 1/2 s. N., et *Baïonnette*, par Conquérant, 1/2 s. N.
Sa grand'mère : Victoire, P. S. A.
Hennebont : 1889-1899. — Réformé le 24 juillet.

GÉRAUDEL, 1/2 s. N. — H. N.
B. 1884. — Calvados.
Par *Rivoli*, 1/2 s. N., et *Walinda*, par Normand, 1/2 s. N.
Sa grand'mère : par Moteur, 1/2 s. N.
Hennebont : 1888-1899. — Réformé le 24 juillet.

GOOD, ex-**GABELOU**, 1/2 s. N. — H. N.
Al. 1884. — Calvados.
Par *Niger*, 1/2 s. N., et *Passante*, par Normand, 1/2 s. N.
Sa grand'mère : par Vice-Roi, 1/2 s. N.
Hennebont : 1888-1899. — Réformé le 24 juillet.

GRACIEUX, 1/2 s. N. — H. N.
Al. 1884. — Manche.
Par *Usuel*, 1/2 s. N., et *Jacksone*, par Jackson, 1/2 s. A.
Sa grand'mère : par Nemrod, 1/2 s. N.
Hennebont : depuis 1888.

HARD-TIMES II, 1/2 s. Norf.-A. — H. N.
Al. 1890. — Angleterre.
Origine anglaise.
Inscrit au Stud Book des Hackneys, n° 4300.
Lamballe : 1894-1898. — Réformé le 1er août.

HASARDEUX, 1/2 s. V. — H. N.
B. 1885. — Loire-Inférieure.
Par *Hippomène*, 1/2 s. M., et *Donzelle*, par Trésorier,
1/2 s. N.
Sa grand'mère : fille d'Irlandais, 1/2 s. N.
Hennebont : 1889-1902. — Réformé le 16 août.

HÉLIOTROPE, 1/2 s. N. — H. N.
B. 1885. — Calvados.
Par *Valencourt*, 1/2 s. N., et *Jeanne-d'Arc*, par Conquérant,
1/2 s. N.
Sa grand'mère : fille de The Heir-of-Linne, P. S. A.
Lamballe : 1889-1904. — Réformé le 9 août.

HERMÈS, 1/2 s. N. — H. N.
B. 1885. — Calvados.
Par *Rivoli*, 1/2 s. N., et *Walinda*, par Normand,
1/2 s. N.
Lamballe : 1890-1904. — Réformé le 10 août.

HONFLEUR, 1/2 s. V. — H. N.
Ro. 1885. — Vendée.
Par *Nectar*, 1/2 s. N., et une fille d'Urville, 1/2 s. N.
Sa grand'mère : par Jambes-d'Argent, 1/2 s. N.
Hennebont : 1889-1899. — Réformé le 24 juillet.

HOSTPUR, 1/2 s. Norf.-A. — H. N.
Al. 1889. — Angleterre.
Par *Reality*, 1/2 s. A., et *Wild-Rose*, par The Gentleman,
1/2 s. A.
Lamballe : 1895-1905. — Réformé le 19 août.

HOWSHAM-PERFORMER, 1/2 s. Norf.-A. — H. N.
B. 1893. — Angleterre.
Par *Fire-Away*, 1/2 s. A., et *Nancy*, par Prime-Minister, 1/2 s. A.
Inscrit au Stud Book des Hackneys, no 6063.
Lamballe : 1897-1903. — Réformé le 29 août.

IMPAIR, ex-**IRIS**, 1/2 s. N. — H. N.
B. 1886. — Calvados.
Par *Oglio*, 1/2 s. N., et *Ragote*, par Rocroi, 1/2 s. N.
Sa grand'mère : fille d'Encenseur, 1/2 s. N.
Lamballe : 1890-1898. — Réformé le 1er août.

INCISIF, ex-**ILLICO**, 1/2 s. N. — H. N.
B. 1886. — Manche.
Par *Shamrock*, 1/2 s. A., et *Lisette*, par Hunter, 1/2 s. N.
Sa grand'mère : par Orgueilleux, 1/2 s. N.
Hennebont : depuis 1890.

INDOMPTÉ, ex-**IRMINSUL**, 1/2 s. N. — H. N.
Bb. 1886. — Calvados.
Par *Seymour*, 1/2 s. N., et *Julie*, par Phare, 1/2 s. N.
Sa grand'mère : par Eloi, 1/2 s. N.
Lamballe : 1890-1904. — Réformé le 9 août.

INKERMAN, 1/2 s. N. — H. N.
B. 1886. — Calvados.
Par *Phaëton*, 1/2 s. N., et *Abeille*, par Interprète, 1/2 s. N.
Sa grand'mère : par Montfort, P. S. A.
Lamballe : 1891-1904. — Réformé le 30 août.

INTÈGRE, 1/2 s. N. — H. N.
B. 1886. — Manche.
Par *Astyanax*, 1/2 s. N., et *Lisette*, par Patrice, 1/2 s. N.
Sa grand'mère : par Sackos, 1/2 s. N.
Hennebont : depuis 1890.

ITON, 1/2 s. Char. — H. N.
B. 1886. — Charente-Inférieure.
Par *Valdempierre*, 1/2 s. N., et *Cybèle*, par Norfolk-Trotter,
1/2 s. A.
Hennebont : 1890-1903. — Réformé le 20 août.

IZERON, ex-**ILLICO**, 1/2 s. V. — H. N.
Aub. 1886. — Vendée.
Par *Desgenettes*, 1/2 s. V., et *Devise*, par Tigris, 1/2 s. N.,
ou Matchless, 1/2 s. A.
Lamballe : 1890-1905. — Réformé le 29 août.

JEAN-SANS-TERRE, 1/2 s. N. — H. N.
N. 1887. — Orne.
Par *Valdempierre* ou *Phaëton*, 1/2 s. N., et *Queen*,
par Eclipse, 1/2 s. N. (approuvé).
Hennebont : 1891-1901. — Réformé le 10 août.

JENNER, 1/2, s. N. — H. N.
N. 1887. — Manche.
Par *Belting*, 1/2 s. N., et *Margotte*, par Producteur, 1/2 s. N.
(approuvé)
Hennebont : 1891-1903. — Réformé le 20 août.

JOVIAL, 1/2 s. N. — H. N.
B. 1887. — Calvados.
Par *Tigris*, 1/2 s. N., et *Diva*, par Normand, 1/2 s. N.
Hennebont : 1892-1899. — Réformé le 24 juillet.

JUBA, ex-**JOCKO**, 1/2 s. V. — H. N.
B. 1887. — Vendée.
Par *Nectar*, 1/2 s. N., et *Hélène*, par Passe-Père, P. S. A.
Sa grand'mère : par Jacquard, 1/2 s. N.
Hennebont : 1891-1902. — Réformé le 16 août.

JUNIPER-OF-ELY, 1/2 s. Norf.-A. — H. N.
B. 1885. — Angleterre.
Par *Fire-Away*, 1/2 s. Norf.-A., et une fille de Perfection,
1/2 s. Norf.-A.
Lamballe : 1890-1900. — Réformé le 21 août.

KABOUL, 1/2 s. V. — H. N.
Al. 1888. — Vendée.
Par *Felzins*, 1/2 s. V., et *Gentillette*, par Quimos, 1/2 s. N.
Lamballe : depuis 1892.

KAMORS, ex-**KANGUROO**, 1/2 s. N. — H. N.
B. 1888. — Manche.
Par *Vanikoro*, 1/2 s. N., et *Mignonne*, 1/2 s. N.
Sa grand'mère : par Tamerlan, 1/2 s. N.
Lamballe : 1892-1899. — Réformé le 9 octobre.

KANDJIAR, 1/2 s. N. — H. N.
B. 1888. — Manche.
Par *Ermite*, 1/2 s. N., et *Baillette*, par Malakoff, 1/2 s. N.
Hennebont : 1892-1898. — Réformé le 1er août.

KANGUROO, 1/2 s. V. — H. N.
B. 1888. — Loire-Inférieure.
Par *Arcole*, 1/2 s. N., et *N.*, par Nique, 1/2 s. N.
Sa grand'mère : par Ravissant, 1/2 s. N.
Lamballe : depuis 1892.

KAPIRAT, 1/2 s. Char., — H. N.
N. 1888. — Charente-Inférieure.
Par *Suleyman*, 1/2 s. N., et *Fine-Mouche*, par Quibbler, 1/2 s. N.
Sa grand'mère : par Montbars, P. S. A.
Hennebont : 1892-1905. — Réformé le 12 août.

KARABÉ, 1/2 s. N — H. N.
Al. 1888. — Calvados.
Par *Utique*, 1/2 s. N., et *Glorieuse*, par Priam, 1/2 s. N.
Lamballe : 1892-1900. — Réformé le 21 août.

KARAT, 1/2 s. N. — H. N.
Bb. 1888. — Manche.
Par *Frondeur*, 1/2 s. N., et *Rapide*, par Ignoré, 1/2 s. N.
Sa grand'mère : par Daniel, P. S. A.
Lamballe : depuis 1893.

KARS, 1/2 s. N. — H. N.
B. 1888. — Manche.
Par *Fontainebleau*, 1/2 s. N., et *Mignonne*,
par Mine-d'Or, 1/2 s. N.
Sa grand'mère : par Sir-Edwin-Landseer, 1/2 s. A.
Hennebont : 1892-1898. — Réformé le 1er août.

KAVIAR, 1/2 s. N. — H. N.
B. 1888. — Orne.
Par *Cherbourg*, 1/2 s. N., et *Eva*, par Phaëton, 1/2 s. N.
Sa grand'mère : Pégriote, par Elu, 1/2 s. N.
Voir Stud Book Normand, t. II, Eva, no 4066.
Lamballe : depuis 1892.

KEMPTON, 1/2 s. Norf.-A. — H. N.
Al. 1900. — Angleterre.
Par *Langton*, 1/2 s. Norf.-A., et *Queen-of-the-Hills*,
1/2 s. Norf.-A.
Hennebont : depuis 1904.

KÉPLER, 1/2 s. N. — H. N.
N. 1888. — Manche.
Par *Agnadel*, 1/2 s. N., et *Parfaite*, par Marco-Spada,
1/2 s. N. (approuvé).
Hennebont : 1892-1904. — Réformé le 18 août.

KÉRISPER, 1/2 s. N. — H. N.
Al. 1888. — Orne.
Par *Beaugé*, 1/2 s. N., et *Gitana*, par Phaéton, 1/2 s. N.
Sa grand'mère : Brillante, par Abrantès, 1/2 s. N.
(Voir Gitana, n° 4298, Stud Book Normand, t. II).
Lamballe : 1893-1904. — Réformé le 9 août.

KINGSLAND-FASHION, 1/2 s. A. — H. N.
N. 1891. — Angleterre.
Par *Cadet*, 1/2 s. A., et *Beaconfield*, 1/2 s. A.
Hennebont : 1895-1905. — Réformé le 28 juillet.

KOCIUSCO, 1/2 s. N. — H. N.
Al. 1888. — Calvados.
Par *Un*, 1/2 s. N., et *Palmyre*, 1/2 s. N., par Valère, 1/2 s. N.
Lamballe : 1892-1897. — Réformé le 28 juillet.

KOUNT, ex-**KILADRE**, 1/2 s. N. — H. N.
B. 1888. — Calvados.
Par *Quality*, 1/2 s. N., et *Lisa*, par Harmonieux, 1/2 s. N.
Hennebont : 1892-1904. — Réformé le 18 août.

LABAN, 1/2 s. Char. — H. N.
Bb. 1889. — Charente-Inférieure.
Par *Auditeur*, 1/2 s. V., et *Silvia*, par Egée, 1/2 s. N.
Sa grand'mère : par Joubert, 1/2 s. N.
Hennebont : depuis 1893.

LAMPLUGH, 1/2 s. N. — H. N.
B. 1889. — Manche.
Par *Fred-Archer*, 1/2 s. N., et *Rosette*, par Télémaque, 1/2 s. N.
Sa grand'mère : par Auguste, P. S. A..
Hennebont : depuis 1893.

LANCASTRE, 1/2 s. N. — H. N.
B. 1889. — Manche.
Par *Domino-Noir*, 1/2 s. N., et *La Petite*, par Va-de-bon-Cœur,
1/2 s. N.
Hennebont : 1893-1901. — Mort le 6 mai.

LANGTON-DUK-OF-CONNAUGHT, 1/2 s. Norf.-A.
H. N.
Al. 1902. — Angleterre.
Hennebont : depuis 1905.

LANGTON-MASHER, 1/2 s. Norf.-A. — H. N.
B. 1896. -- Angleterre.
Hennebont : depuis 1901.

LAON, 1/2 s. N. — H. N.
B. 1889. — Manche.
Par *Domino-Noir*, 1/2 s, N., et *Miss-Reynolds*, par Reynolds,
1/2 s. N.
Sa grand'mère : Volante, par Volant, 1/2 s. N.
Sa bisaïeule : N., par Qui-perd-Gagne, 1/2 s. N.
Sa trisaïeule : N., par Camisard, 1/2 s. N.
Lamballe : depuis 1893.

LAPLACE, 1/2 s. N. — H. N.
B. 1889. — Manche.
Par *Défendu*, 1/2 s. N., et une fille de Nadar, 1/2 s. N.
Sa grand'mère : par Pimlico, 1/2 s. A.
Hennebont : 1893-1899. — Réformé le 24 juillet.

LAVAL, 1/2 s. N, — II. N.
Al. 1889. — Orne.
Par *Gérardmer*, 1/2 s. N., et *Vénitienne*, par Vouziers, 1/2 s. N.
Sa grand'mère : par Niger, 1/2 s, N.
Hennebont : depuis 1893

LIBERTIN, 1/2 s. — H. N.
Al. 1889 — Oise.
Par *Daguet*, 1/2 s. N., et *La Bresle*, par Mardochée, 1/2 s. N.
Hennebont : 1895-1899. — Réformé le 24 juillet.

LINGOT-D'OR, 1/2 s. N. — H. N.
B. 1889. — Calvados.
Par *Hardy*, 1/2 s. N., et *Bayonnette*, par Conquérant, 1/2 s N.
Sa grand'mère : Victoire, P. S. A.
Hennebont : 1893-1903. — Réformé le 20 août.

LODI, 1/2 s. N. — H. N.
B. 1889. — Calvados.
Par *Eperlan*, 1/2 s. N., et *Fanchette*, par Phare, 1/2 s. N.
Sa grand'mère : par Dragon, P. S. A.
Hennebont : depuis 1893.

LOPHOFOR, ex-**LIBÉRAL**, 1/2 s. N. — H. N.
B. 1889. — Manche.
Par *Germinal*, 1/2 s. N., et *Bijou*, par Ray-Grass,
1/2 s. N.
Sa grand'mère ; par Tempête, 1/2 s. N.
Lamballe : 1893-1899. — Réformé le 9 octobre.

LORD-DASH, 1/2 s. Norf.-A. — H. N.
B. 1889. — Angleterre.
Par *Parangon* 1/2 s. Norf., et *Opelia II*, 1/2 s. Norf.,
par Hawstone, 1/2 s. Norf.
(Inscrit au Stud Book des Hackneys, nº 3249).
Lamballe : depuis 1893.

LORD-MONTEBEGON, 1/2 s. A. — H. N.
B. 1889. — Angleterre.
Par *Lord-Derby*, 1/2 s. A., et *Chesnut*, par Denmark, 1/2 s. A.
Hennebont : depuis 1898.

LORD-RANDY, 1/2 s. Norf. — H. N.
Al. 1892. — Angleterre.
Par *Lord-Randolph V*, 1/2 s. Norf., et *Lady-Beaconsfield*,
1/2 s. Norf.
Lamballe : 1896-1900. — Mort le 16 novembre.

LORIOT, 1/2 s. N. — H. N.
B. 1889. — Calvados.
Par *Saint-Rigomer*, 1/2 s. N., et *Vigourse*,
par Ulbach, 1/2 s. V.
Lamballe : depuis 1893.

MADRID, ex-**JAMAIS**, 1/2 s. N. — H. N.
B. 1890. — Calvados.
Par *Bledelow*, 1/2 s. A., et *Etincelle*, par Norfolk-Trotter,
1/2 s. A.
Lamballe : 1894-1904.

MACICIEN, 1/2 s. N. — H. N.
B. 1890. — Manche.
Par *Elbourg*, 1/2 s. N., et *Fidèle*, par Fidèle-au-Malheur, 1/2 s. N.
Sa grand'mère : par Ourson, 1/2 s. N.
Hennebont : 1894-1900. — Réformé le 24 août.

MAGICIEN, 1/2 s. N. — H. N.
B. 1890. — Calvados.
Par *Eperlan* ou *Grand-Maitre*, 1/2 s. N., et *Mascotte*,
par Templier, 1/2 s. N.
Sa grand'mère : par Orphelin, 1/2 s. N.
Lamballe : 1894-1898. — Réformé le 1 août.

MARAICHIN, ex **MÉPHISTO**. 1/2 s. V. — H. N.
B. 1880. — Vendée.
Par *Huguenot*, 1/2 s. V., et *Sophie*, par Vaisseau, 1/2 s. V.
Sa grand'mère : par Myosotis, 1/2 s. N.
Hennebont : 1894-1901. — Réformé le 16 août.

MARAT, 1/2 s. N. — H. N.
B. 1890. — Manche.
Par *Dacapo*, 1/2 s. N., et *Coquette*, par Ulm, 1/2 s. N.
Sa grand'mère : par Shamrock, 1/2 s. A.
Hennebont : 1894-1899. — Réformé le 24 juillet.

MARBOURG, 1/2 s. N. — H. N.
N. 1890. — Calvados.
Par *Union-Jack*, 1/2 s. N., et *Jeannette*, par Extra, 1/2 s. N.
(approuvé).
Sa grand'mère : par Y. Ulmaire, 1/2 s. N.
Hennebont : depuis 1894.

MARCHEUR, 1/2 s. N. — H. N.
B. 1890. — Calvados.
Par *Etendard*, 1/2 s. N., et *Conquise*, par Conquérant, 1/2 s. N.
Sa grand'mère : par Ukase, 1/2 s. N.
Hennebont : 1894-1904. — Réformé le 2 août.

MARDI-GRAS, 1/2 s. N. — H. N.

B. 1900. — Orne.

Par *Pompéi*, 1/2 s. N., et *Quarantaine*, par Cherbourg ou Phaëton, 1/2 s. N.

Sa grand'mère : Volupté, par Niger, 1/2 s. N.

Lamballe : depuis 1905.

MARJOLET, 1/2 s. Char. — H. N.

B. 1890. — Charente-Inférieure.

Par *Helvétius*, 1/2 s. N., et *Barbette*, par Terme, 1/2 s. N.

Sa grand'mère : par Karibon, 1/2 s. N.

Hennebont : depuis 1894.

MASTER-FRED, 1/2 s. A. — H. N.

Ro. 1887. — Angleterre.

Par *Doctor-Syntax* et *Handsome*, par Norfolk-Hero.

(Voir Stud Book des Hackneys, n° 3159.

Hennebont : 1898-1903. — Réformé le 14 octobre.

MATTISHALL-STAR, 1/2 s. Norf.-A. — H. N.

B. 1899. — Angleterre.

Par *Marquis-of-Norfolk*, 1/2 s. Norf.-A., et *Lady-Bessy*, 1/2 s. Norf.-A.

Hennebont : depuis 1904.

MIRABEAU, 1/2 s. V. — H. N.

Al. 1890. — Vendée.

Par *Pactole*, 1/2 s. N., et *Herminie*, par Le Lion, P. S. A.

Sa grand'mère : par Glaneur, P. S. A.

Lamballe : 1894-1901. — Réformé le 22 août.

MOAB, ex-**MAGICIEN**, 1/2 s. N. — H. N.

B. 1890. — Manche.

Par *Colporteur*, 1/2 s. N., et *La Manche*, par Lavater, 1/2 s. N.

Sa grand'mère : par Gabier, P. S. A.

Hennebont : depuis 1894.

MONTMIRAIL, ex-**FAVORI**, 1/2 s. N. — H. N.

Gr. 1890. — Calvados.

Par *Bledelow*, 1/2 s. A., et *Sultane*, par Quartier, 1/2 s. N.

Sa grand'mère : par Minotaure, 1/2 s. A.

Lamballe : depuis 1894.

MORVAN, 1/2 s. N. — H. N.
B. 1890. — Manche.
Par *Colporteur*, 1/2 s. N., et *Kapirat*, par Josaphat, 1/2 s. N.
Sa grand'mère : par Kapirat, 1/2 s. N.
Lamballe : depuis 1894.

MUSCADIN, 1/2 s. N. — H. N.
B. 1890. — Seine-Inférieure.
Par *Phaëton*, 1/2 s. N., et *Serpolette*, par Serpolet-Bai,
1/2 s. N.
Sa grand'mère : Négresse, par Normand, 1/2 s. N.
(Voir Stud Book Normand, tome II, Serpolette, no 5698).
Lamballe : depuis 1895.

MUSCAT, 1/2 s. V. — H. N.
Ro. 1890. — Vendée.
Par *Gratin*, 1/2 s. N., et *Bichette*, par Permutant, 1/2 s. N.
Hennebont : 1894-1898. — Réformé le 1er août.

NABAB, 1/2 s. V. — H. N.
B. 1891. — Vendée.
Par *Hernani*, 1/2 s. N., et *Grenadine*, par Albrant, 1/2 s. V.
Sa grand-mère : par Kapirat II, 1/2 s. N.
Hennebont : 1895-1899. — Réformé le 24 juillet.

NANGASAKI, 1/2 s. N. — H. N.
B. 1891. — Manche.
Par *Fred-Marcher*, 1/2 s. N., et *Lavater*, par Lavater, 1/2 s. N.
Sa grand'mère : par Nanteuil, 1/2 s. N.
Hennebont : 1895-1903. — Réformé le 20 août.

NANKIN, 1/2 s. N. — H. N.
B. 1891. — Manche.
Par *Gasparin*, 1/2 s. N., et *Rosette*, par Tempête, 1/2 s. N.
Sa grand'mère : par Institut, 1/2 s. N.
Hennebont : 1895-1904. — Réformé le 18 août.

NAPOLITAIN, 1/2 s. N. — H. N.
Al. 1891. — Calvados.
Par *Graft*, 1/2 s. N., et *Bijou* (jument normande).
Lamballe : 1895-1905. — Réformé le 19 août.

NARCOTIQUE, 1/2 s. N. — H. N.
B. 1891. — Manche.
Par *Shamrock*, 1/2 s. A., et *Orpheline*, par Sabre, P. S. A.
Sa grand'mère : par Hélios, 1/2 s. N.
Lamballe : depuis 1895.

NECTAIRE, 1/2 s. N. — H. N.
B. 1891. — Calvados.
Par *Hercule-Normand*, 1/2 s. N., et *Rigolette*, par Marignan,
1/2 s. N.
Sa grand'mère : par Ottoman, 1/2 s. N.
Hennebont : depuis 1895.

NECTAR, 1/2 s. Char. — H. N.
B. 1891. — Charente-Inférieure.
Par *Milan I*er, P. S. A., et une fille d'Ustor, 1/2 s. N.
Hennebont : 1895-1898. — Réformé le 1er août.

NEUF, ex-**QUÉBEC**, 1/2 s. N. — H. N.
Al. 1891. — Orne.
Par *Phaëton*, 1/2 s. N., et *Léoncia*, par Marx, 1/2 s. Orloff.
(approuvé).
Sa grand'mère : N., par Serenader, 1/2 s. A.
Lamballe : depuis 1895.

NEWFIELD-PRINCE, 1/2 s. Norf.-A. — H. N.
Al. 1897. — Angleterre.
Par *Lord-Hamlet*, 1/2 s. Norf.-A., et une fille de Snowdrop,
1/2 s. Norf.-A.
Hennebont : depuis 1904.

NICÉPHORE, 1/2 s. N. — H. N.
B. 1891. — Manche.
Par *Hallali*, 1/2 s. N., et *Papillon*, par Shamrock, 1/2 s. A.
Sa grand'mère : par Macouba, 1/2 s. N.
Lamballe : 1895-1898. — Réformé le 1er août.

NICIAS, 1/2 s. N. — H. N.
N. 1891. — Calvados.
Par *Faisan* ou *Tristan*, 1/2 s. N., et *Finette*, par Florentino,
1/2 s. N. (approuvé).
Sa grand'mère : par Kapirat, 1/2 s. N.
Hennebont : depuis 1895.

NIVOSE, 1/2 s. Char. — H. N.
B. 1891. — Charente-Inférieure.
Par *Garbon*, 1/2 s. N., et une fille de Quibbler, 1/2 s. N.
Sa grand'mère : par Lazzarone, P. S. A.-Ar.
Hennebont : depuis 1895.

NONOBSTANT. ex-**NIZAM**, 1/2 s. N. — H. N.
B. 1891. — Manche.
Par *Colporteur*, 1/2 s. N., et *Vigie*, par Gabier, P. S. A.
Sa grand'mère : N., par Égésippe, 1/2 s. N.
Sa bisaïeule : par Lagopède, 1/2 s. N.
Lamballe : 1895-1902. — Mort le 4 juin.

NORD, ex-**NIZAM**, 1/2 s. N. — H. N.
B. 1891. — Orne.
Par *Gérardmer*, 1/2 s. N., et *Jeannette*, par Valdempierre,
1/2 s. N.
Sa grand'mère : Giselle, P. S. A.
Lamballe : depuis 1895.

NORD-EST, 1/2 s. N. — H. N.
B. 1891. — Manche.
Par *Connétable*, 1/2 s. N , et *Margot*, par Théophile, 1/2 s. N.
Hennebont : 1895-1902. — Réformé le 12 novembre.

OBÉLISQUE, 1/2 s. N. — H. N.
B. 1892. — Manche.
Par *Jouteur*, 1/2 s. N., et *Brunette*, par Pater, 1/ s. N.
Sa grand'mère : par Isolier, P. S. A.
(Voir Stud Book Normand, t. II, Brunette, nᵒ 3572).
Lamballe : depuis 1896.

OBERLAND, 1/2 s. N. — H. N.
B. 1892. — Manche.
Par *Fred Archer*, 1/2 s. N., et *Rosette*, par Aristocrate, 1/2 s. N.
Sa grand'mère : par Newton, 1/2 s. N.
Hennebont : 1896-1900. — Mort le 28 mai.

OBUS II, 1/2 s. N. — H. N.
B. 1892. — Orne.
Par *Fuschia*, 1/2 s. N., et *Italienne*, par Beaugé, 1/2 s. N.
Sa grand'mère : par Abrantès, 1/2 s. N.
(Voir Stud Book Normand, t. II, Italienne, n° 4482).
Lamballe : depuis 1896.

OCÉAN II, 1/2 s. N. — H. N.
B. 1892. — Orne.
Par *Ilote*, 1/2 s. N., et une fille de Buci, 1/2 s. N.
Hennebont : depuis 1896.

OCÈDE, 1/2 s. Char. — H. N.
Bb. 1892. — Charente-Inférieure.
Par *Uplock*, 1/2 s. N., et *Flaure*, par Orphéon, 1/2 s. N.
Sa grand'mère : par Uniady, 1/2 s. N.
Hennebont : depuis 1896.

OCELOT, 1/2 s. N. — H. N.
B. 1892. — Calvados.
Par *James-Watt*, 1/2 s. N., et *Paysanne* (1/2 s. née dans la Nièvre),
par Ulrich, 1/2 s. N.
Sa grand'mère : par Imbroglio, 1/2 s. N.
Lamballe : depuis 1896.

O'CONNEL, 1/2 s. N. — H. N.
B. 1892. — Sarthe.
Par *Fuschia*, 1/2 s. N., et *Volupté*, par Phaëton, 1/2 s. N.
Sa grand'mère : par Elu, 1/2 s. N.
Lamballe : 1896-1900. — Réformé le 21 août.

OCTAVE, 1/2 s. N. — H. N.
Al. 1892. — Calvados.
Par *Valencourt*, 1/2 s. N., et *Rosa*, par Jackson, 1/2 s. N.
Hennebont : depuis 1896.

ŒIL-DE-CHAT, ex-**OCTAVE**, 1/2 s. N. — H. N.
B. 1892. — Manche.
Par *Favori*, 1/2 s. N. (approuvé), et *Hardie*, par Shamrock,
1/2 s. A.
Sa grand'mère : Gringalette, par Kellermann, 1/2 s. N.
(Voir Stud Book Normand, t. II, Hardie, n° 4342).
Lamballe : 1896-1900.

OLD-TIMES, 1/2 s. A, — H. N.
Aub. 1874. — Angleterre.
Par *Hue-and-Cry-Shales*, 1/2 s. A., et *N.*, par Catton, 1/2 s. A.
Lamballe : 1878-1901. — Réformé le 27 juillet.

OLMI, 1/2 s. N. — H. N.
B. 1892. — Manche.
Par *Echec*, 1/2 s. N., et *Louise*, par Bataillon, 1/2 s. N.
Sa grand'mère : par Kabin, 1/2 s. N.
Hennebont : 1896-1898. — Réformé le 18 mai 1898.

ONAGRE, ex-**OBÉRON**, 1/2 s. N. — H. N.
B. 1892. — Calvados.
Par *Jeumont*, 1/2 s. N., et *Lisette*, par Dandolo ou Gusman, 1/2 s. N.
Hennebont : depuis 1906.

ON-DIT, ex-**OPTICIEN,** 1/2 s. N. — H. N.
N. 1892. — Calvados.
Par *Echo*, ou *Glaneur*, 1/2 s. N., et *Tirelire*,
par Noville, 1/2 s. N.
Sa grand'mère : par Brocardo, P. S. A.
Lamballe : depuis 1896.

OPÉRA, 1/2 s. N. — H. N.
B. 1892. — Calvados.
Par *Edimbourg*, 1/2 s. N., et *Africaine*, par Cherbourg,
1/2 s. N.
Sa grand'mère : par Niger, 1/2 s. N.
Sa bisaïeule : par Elu, 1/2 s. N.
Lamballe : 1896-1902. — Réforme le 21 août.

OPPORTO, 1/2 s. N. — H. N.
B. 1892. — Manche.
Par *Gibraltar*, 1/2 s. N., et *Brunette*, par Sauvageon, 1/2 s. N.
Sa grand'mère : par Nonant, 1/2 s. N.
Lamballe : 1896-1899. — Mort le 4 août.

ORANG-OUTANG, ex-**ŒILLET**, 1/2 s. N. — H. N.
B. 1892. — Calvados.
Par *J'y-Pensais*, 1/2 s. N., et *Paquerette*, par Don-Quichotte,
1/2 s. N.
Sa grand'mère : par Interprète, 1/2 s. N.
Lamballe : 1896-1900. — Réformé le 21 août.

ORATEUR, ex-**ORPHELIN**, 1/2 s. N. — H. N.
B. 1892. — Calvados.
Par *Graft*, 1/2 s. N., et *Mignonne*, par Léotard, 1/2 s. N.
Sa grand'mère : par Pédagogue, P. S. A.
Hennebont : 1896-1903. — Réformé le 20 août.

ORATORIO, 1/2 s. N. — H. N.
Bb. 1892. — Manche.
Par *Esbly*, 1/2 s. N., et *Castille*, par Alsacien, 1/2 s. N.
Sa grand'mère : par Volant, 1/2 s. N.
Hennebont : 1896-1904. — Réformé le 18 août.

ONÉROQUE, ex-**OUDINOT**, 1/2 s. N. — H. N.
B. 1892. — Manche.
Par *Frondeur*, 1/2 s. N., et *Sarah*, par Contrôleur, 1/2 s. N.
Sa grand'mère : par Egésipe, 1/2 s N.
Sa bisaïeule : par Victorieux, 1/2 s. N.
Hennebont : 1896-1899. — Réformé le 24 juillet.

ORESTE, 1/2 s. V. — H. N.
B. 1892. — Vendée.
Par *Arcole*, 1/2 s. N., et *Gazelle*, par Pactole, 1/2 s. N.
Sa grand'mère : par Jambes-d'Argent, 1/2 s. N.
Lamballe : depuis 1896.

ORFÈVRE, 1/2 s. N. — H. N.
Al. 1892. — Manche.
Par *Fontenay*, 1/2 s. N., et *Modestie*, par Aristocrate, 1/2 s. N.
Sa grand'mère : par Ugolin, 1/2 s. N.
Hennebont : depuis 1896.

ORSI, 1/2 s. N. — H. N.
B. 1892. — Manche.
Par *Seymour*, 1/2 s. N., et *Bijou*, par Guelfe, 1/2 s. N. (approuvé).
Sa grand'mère : par Bravo, P. S. A.
Lamballe : 1896-1905. — Réformé le 19 août.

OUAD-EL-KÉBIR, 1/2 s. N. — H. N.
B. 1897. — Manche.
Par *Fred-Archer*, 1/2 s. N., et *Javotte*, par Lavater, 1/2 s. N.
Sa grand'mère : par Java, 1/2 s. N.
Lamballe : 1896-1904. — Réformé le 30 août.

OUI-OU-NON, ex **ORANGER**, 1/2 s. N. — H. N.
N. 1892. — Manche.
Par *Dollar*, 1/2 s. N., et *Flambeau*, par Vitrier, 1/2 s. N.
(approuvé).
Sa grand'mère : par Madère, 1/2 s. N.
Lamballe : 1896-1899. — Réformé le 4 août.

OURAGAN, 1/2 s. V. — H. N.
B. 1892. — Vendée.
Par *Goldoni*, 1/2 s. N., et *Fleurette*, par Lahire, 1/2 s. N.
Sa grand'mère : par The Roué, P. S. A.
Lamballe : depuis 1896.

OXFORD, 1/2 s. N. — H. N.
Al. 1892. — Calvados.
Par *Valencourt*, 1/2 s. N., et *Feuillé-de-Lierre*, par Reynolds,
1/2 s. N.
Sa grand'mère : Modestie, par The Heir-of-Linne, P. S. A.
Sa bisaïeule : par Ugolin, 1/2 s. N.
Hennebont : 1897-1898. — Réformé le 1er août.

PAILLASSE, 1/2 s. Char. — H. N.
Al. 1893. — Charente-Inférieure.
Par *Quibbler*, 1/2 s. N., et *Gabrielle*, par Lazzarone, P. S. A.-Ar.
Sa grand'mère : par Héliodore, 1/2 s.
Hennebont : 1897-1901. — Réformé le 16 août.

PALISSOT, 1/2 s. N. — H. N.
B. 1893. — Manche.
Par *Follet*, 1/2 s. N., et *Rosette*, par Aristocrate, 1/2 s. N.
Sa grand'mère : par Qu'en-Pensez-Vous, 1/2 s. N.
Hennebont : 1897-1902. — Réformé le 16 août.

PÉDANT, ex-**PROCCACCINI**, 1/2 s. N. — H. N.
B. 1893. — Manche.
Par *Follet*, 1/2 s. N., et *Castille*, par Virgile, 1/2 s. N.
Sa grand'mère : par Harmonieux, 1/2 s. N.
Sa bisaïeule : par Bravo, P. S. A.
Hennebont : depuis 1897.

PETIT-POUCET, 1/2 s. N. — H. N.
Al. 1893. — Orne.
Par *Phaëton*, 1/2 s. N., et *Jenny V*, par Valdenipierre, 1/2 s. N.
Sa grand'mère : Etamine, par Niger, 1/2 s. N.
Sa bisaïeule : La Fanchonnette, ex-Ma-Folie, P. S. A. par Faug-a-
Ballah.
Lamballe : depuis 1897.

PITT, ex-**PLUTON**, 1/2 s. Char. — H. N.
B. 1893. — Charente-Inférieure.
Par *Kremlin*, 1/2 s. N., et *Bamboche*, par Lazzarone, P. S. A.-Ar.
Hennebont : 1897-1901. — Réformé le 16 août.

PLUTON, 1/2 s. N. — H. N.
Bb. 1893. — Manche.
Par *Halévy*, 1/2 s. N., et *Junon*, par Lavater, 1/2 s. N.
Sa grand'mère : par Pretty-Boy, P. S. A.
Hennebont : 1897-1905. — Réformé le 16 octobre.

PRINCE-DELMAR, 1/2 s. A. — H. N.
B. 1891. — Angleterre.
Par *Lood-Derwent II*, 1/2 s. A., et *Lady-Ursula*, par Superior,
1/2 s. A.
Hennebont : depuis 1896.

PRINCE-NORMAND, 1/2 s. Norf.-A. — H. N.
B. 1894. — Angleterre.
Par *Danegelt*, 1/2 s. Norf.-A., et *Modestie*, 1/2 s. Norf.-A.
Hennebont : depuis 1899.

QUARTO, ex-**QUAKER**, 1/2 s. N. — H. N.
Al. 1894. — Manche.
Par *Gourmet*, 1/2 s. N., et *Lisa*, par Producteur, 1/2 s. N.
Sa grand'mère : par Guillaume-le-Conquérant, 1/2 s. N.
Lamballe : 1898-1903. — Réformé le 29 août.

QUATREMÈRE-DE-QUINCY, 1/2 s. N. — H. N.
B. 1894. — Orne.
Par *Fuschia*, 1/2 s. N., et *La Vallière V*, par Echo, 1/2 s N.
Sa grand'mère : Gallia, par Dictateur, 1/2 s. N.
(Voir Stud Book Normand, t. II, nº 4772).
Lamballe : depuis 1898.

QUEL-AMOUR, ex-**QUENTIN**, 1/2 s. N. — H. N.
Al. 1894. — Manche.
Par *Voleur*, 1/2 s. N., et *Mignonne*, par Siroc, 1/2 s. N.
Sa grand'mère : N., par Ray-Grass, 1/2 s. N.
Lamballe : 1898. — Réformé le 27 septembre.

QUELNEUC, 1/2 s. N. — H. N.
Ro. 1894. — Manche.
Par *Jamais*, 1/2 s N., et *Cocote*, par Béranger, 1/2 s. N.
(approuvé).
Le Pin : 1898-1899. — Lamballe : depuis 1900.

QUESTMAN, 1/2 s. N. — H. N.
B. 1894. — Orne.
Par *Valdempierre*, 1/2 s. N., et *Lévite*, par Jactator, 1/2 s. N.
Sa grand'mère : Rapid-Roan, 1/2 s. A.
Hennebont : depuis 1898.

7

QUICK, 1/2 s. N. -- H. N.
Al. 1894. — Manche.
Par *Ecarté*, 1/2 s. N., et *Caroline*, par Prickwillow II,
1/2 s. A.
Sa grand'mère : par Jambon, 1/2 s. N.
Hennebont : depuis 1898.

QUICONQUE, ex-**QUIA**, 1/2 s. N. — H. N.
B. 1894. — Orne.
Par *Kachemyr*, 1/2 s. N., et *La Grâce*, par Valencourt,
1/2 s. N. (approuvé).
Sa grand'mère : par Serpolet-Bai, 1/2 s. N.
Hennebont : 1898-1900. — Mort le 17 avril.

QUIDAM, 1/2 s. Char. — H. N.
B. 1894. — Charente-Inférieure.
Par *Kellermann*, 1/2 s. Char., et *Mal-Habile*, par Lazzarone,
P. S. A.-Ar.
Sa grand'mère : par Obéron, 1/2 s. N.
Hennebont : depuis 1901.

QUIET, ex-**QUINOLA**, 1/2 s. N. — H. N.
Al. 1895. — Calvados.
Par *Echo*, 1/2 s. N., et *Belle-et-Bonne*, par Acquila, 1/2 s. N.
Sa grand'mère : par Irlandais, 1/2 s. N.
Hennebont : 1898-1902. — Réformé le 16 août.

QUIÉTISME, ex-**QUIBUS**, 1/2 s. N. — H. N.
N. 1894. — Manche.
Par *Excelsior*, 1/2 s. Norf.-A., et *Brunette*, par Shamrock,
1/2 s. A.
Sa grand'mère : par Lodi, 1/2 s. N.
Sa bisaïeule : par Succès, 1/2 s. N.
Lamballe : 1898-1902. — Réformé le 4 décembre.

QUILLE-EN-BOIS, 1/2 s. N. — H. N.
Al. 1894. — Calvados.
Par *Kurde*, 1/2 s. N., et *Cousine*, par Saturne, 1/2 s. N.
Lamballe : depuis 1898.

QUILLIER, 1/2 s. N. — H. N.
B. 1894. — Calvados.
Par *Jarnac*, 1/2 s. N., et *Lisette*, par Tudieu, 1/2 s. N.
Sa grand'mère : par Peuplier, 1/2 s. N.
Sa bisaïeule : par Quine, 1/2 s. N.
Lamballe 1898-1903. — Réformé le 11 août.

QUINAULT, 1/2 s. V. — H. N.
B. 1894. — Vendée.
Par *Jourdan*, 1/2 s. N., et *Bonne-Mère*, par Typique
ou Phaëton, 1/2 s. N.
Sa grand'mère : par Abrantès, 1/2 s. N.
Hennebont : depuis 1898.

QUINCEY, ex-**QUINTAL**, 1/2 s. N. — H. N.
B. 1894. — Manche.
Par *Laurier*, 1/2 s. N., et *Parfaite*, par Villiers, 1/2 s. N.
(approuvé).
Hennebont : 1898-1900. — Réformé le 14 août.

QUINQUET, 1/2 s. N. — H. N.
B. 1894. — Orne.
Par *Kalmia*, 1/2 s. N. (approuvé), et *Gitana*, par Phaëton,
1/2 s. N.
Sa grand'mère : par Abrantes, 1/2 s. N.
Hennebont : depuis 1899.

QUINTUPLE, ex-**QUILLEBŒUF**, 1/2 s. N. — H. N.
B. 1894. — Manche.
Par *Kurde*, 1/2 s. N., et *Tricoteuse*, par Teinturier, 1/2 s. N.
Sa grand'mère : N., par Shamrock, 1/2 s. A.
Sa bisaïeule : par Hélios, 1/2 s. N.
Lamballe : 1898. — Réformé le 1er août.

QUIQUENGROGNE, 1/2 s. Char. — H. N.
B. 1894. — Charente-Inférieure.
Par *Imprévu*, 1/2 s. V , et *Coquette*, par Quibbler, 1/2 s. N.
Hennebont : depuis 1898

QUIRIQUIQUI, 1/2 s. N. — H. N.
Al. 1894. — Manche.
Par *Kabaek*, 1/2 s. N., et *Finette*, par Vert-Luron, 1/2 s. N.
Sa grand'mère : par Robinson, 1/2 s. N.
Hennebont : depuis 1898.

RABBE, 1/2 s. N. — H. N.
B. 1895. — Manche.
Par *Dacapo*, 1/2 s. N., et *Papillon*, par Elu, 1/2 s. N.
(approuvé).
Sa grand'mère : par Félibien, 1/2 s. N.
Hennebont : 1899-1903. — Réformé le 20 août.

RAISIN, 1/2 s. N. — II. N.
B. 1895. — Normandie.
Par *Kurde*, 1/2 s. N., par Saturne, 1/2 s. N.
Sa grand'mère : par Normand, 1/2 s. N.
Lamballe : 1899-1903. — Réformé le 29 août.

RAPIDE, 1/2 s. N. — H. N.
Al. 1895. — Normandie.
Par *Meslay*, 1/2 s. N.; et *Coquette*, par Oriental, 1/2 s. N.
Lamballe : depuis 1899.

RÉACTION, 1/2 s. Norf.-A. — H. N.
B. 1886. — Angleterre.
Par *Realty*, 1/2 s. A., et *Real-Jam*, par Quicksilver.
Lamballe : 1898-1901. — Réformé le 22 août.

REMPART, 1/2 s. N. — H. N.
B. 1895. — Normandie.
Par *Mahé*, 1/2 s. N.,
Lamballe : depuis 1899.

REPENTIR, 1/2 s N. — H. N.
B. 1895. — Manche.
Par *Jolibois*, 1/2 s. N., et *Minuit*, par Reynolds, 1/2 s. N.
Sa grand'mère : par Lavater, 1/2 s. N.
Sa bisaïeule : par Divus, 1/2 s. N.
Hennebont : 1899-1900 — Réformé le 14 août.

RÉVIGNY, 1/2 s. N. — H. N.
B. 1895. — Manche,
Par *Klephte*, 1/2 s. N., et *Lisa*, par Papillon, 1/2 s. N.
(approuvé).
Hennebont : 1899-1905. — Réformé le 12 août.

REVIVAL, 1/2 s. Norf.-A. — H. N.
Al. 1894. — Angleterre.
Origine anglaise.
Lamballe : depuis 1901.

RIOM, 1/2 s. N. — H. N.
B. 1895. — Normandie.
Par *Mignon* ou *Acquila*, 1/2 s. N., et *N.*, par Tigris, 1/2 s. N.
Lamballe : 1899-1901. — Réformé le 22 août.

ROB, 1/2 s. Norf.-A. (approuvé). — M. Y. Sévère (Finistère).
Al. 1890. — Angleterre.
Origine anglaise.
Lamballe : 1897-1903.
Passé dans une autre circonscription.

ROBEHOMME, 1/2 s. N. — H. N.
B. 1895. — Normandie.
Par *Mignon*, 1/2 s. N., et *N.*, par Etendard, 1/2 s. N.
Lamballe : depuis 1899.

ROCAMBOLE, 1/2 s. N. — H. N.
Al. 1895. — Manche.
Par *Harley*, 1/2 s. N., et *Rosière*, par Lavater, 1/2 s. N.
Sa grand'mère : Orpheline, par Orphée, 1/2 s. N.
Lamballe : depuis 1899.

ROCHAMBEAU, 1/2 s. N. — H. N.
B. 1873. — Orne.
Par *Centaure*, 1/2 s. N., et une fille d'Esculape, 1/2 s. N.
Hennebont : 1877-1895. — Réformé le 25 mars.

ROCHEFORT, 1/2 s. N. — H. N.
Al. 1895. — Manche.
Par *Marcelet*, 1/2 s. N., et *La Manche*, par Lavater, 1/2 s. N.

Sa grand'mère : par Gabier, P. S. A.
Sa bisaïeule : par Pater, 1/2 s. N.
Sa trisaïeule : par Egésippe, 1/2 s. N.
Sa quadrisaïeule : N., par Sir-Henry Dimsdale, 1/2 s. A.
5e degré : N., par Pégase, 1/2 s. N.
6e degré : N., par Boucanier, 1/2 s. N.
Hennebont : depuis 1899.

ROMANOW, 1/2 s. N. — H. N.
Bb. 1895. — Normandie.
Par *Hercule-Normand*, 1/2 s. N. et *N.*, par Polkantchik, 1/2 s. R.
Rosières : 1898. — Lamballe : 1899-1900.
Réformé le 21 août.

ROSELLAN, 1/2 s. Norf.-A. — H. N.
Al. 1897. — Angleterre.
Origine anglaise.
Lamballe : depuis 1905.

ROSI, ex-**ROSINANTE**, 1/2 s. Norf.-A. — H. N.
Al. 1901. — Angleterre.
Hennebont : depuis 1905.

ROSNAY, ex-**ROUSTON**, 1/2 s. V. — H. N.
B. 1895. — Vendée.
Par *Marengo*, 1/2 s. N., et *Julie*, par Beauvoir, 1/2 s. V.
Sa grand'mère : par John-Bull, 1/2 s. N.
Hennebont : 1899-1902. — Réformé le 8 décembre.

ROUTIER, 1/2 s. N. — H. N.
B. 1895. — Manche.
Par *Mont-Cenis*, 1/2 s. N., et *Negro*, par Bataillon, 1/2 s. N.

Sa grand'mère : par Schamyl, 1/2 s. L.
Sa bisaïeule : par Tamerlan, 1/2 s. N.
Hennebont : 1900-1903. — Réformé le 20 août.

RUBI, 1/2 s. Char. — H. N.
B. 1895. — Charente-Inférieure.
Par *Mercure*, 1/2 s. N., et *Calotte*, par Rebus, 1/2 s. Char.
Sa grand'mère : fille de Quibbler, 1/2 s. N.
Hennebont : 1900-1902. — Réformé le 16 août.

RUFUS-OF-REEDNESS, 1/2 s. Norf.-A. — H. N.
Al. 1890. — Angleterre.
Par *Rufus* et *Mariquita*, par Danegelt.
Lamballe : depuis 1898.

RUGGED-DANE. 1/2 s. Norf.-A. — H. N.
Al. 1894. — Angleterre.
Par *Danegelt*, 1/2 s. Norf.-A., et *Rugosa*, par Vigorous,
1/2 s. Norf.-A.
Lamballe : depuis 1899.

SAINT-DONATS, 1/2 s. Norf.-A. — H. N.
Al. 1898. — Angleterre.
Par *Stow-Gabriel* et *Princess*, par Renown.
Hennebont : depuis 1902.

SAINT-JULIEN, 1/2 s. N. — H. N.
B. 1884. — Calvados.
Par *Valencourt*, 1/2 s. N., et *Hermosa*, par Noville, 1/2 s. N.
Lamballe : 1889-1902. — Réformé le 26 avril.

SAINT-LOUP, 1/2 s. N. — H. N.
B. 1896. — Calvados.
Par *Nizam*, 1/2 s. N. (approuvé), et *Del-Rosa*, par Kilomètre,
1/2 s. N.
Hennebont : 1900-1902. — Réformé le 16 août.

SAINT-PAIR-DU-MONT, 1/2 s. N. — H. N.
B. 1896. — Calvados.
Par *Hetmann*, 1/2 s. N., et *Jeanne-de-Nivelle*,
par Baptiste-Lemore, 1/2 s. N.
Sa grand'mère : par Liberator, 1/2 s. A.
Hennebont : 1901-1904. — Réformé le 2 août.

SANCHO, 1/2 s. N. — H. N.
B. 1896. — Calvados.
Par *Michigan*, 1/2 s. N., et *Fleur-de-Mai*, par Mazeppa, 1/2 s. N.
Sa grand'mère : par Umber, 1/2 s. N. (approuvé).
Hennebont : 1900-1904. — Réformé le 18 août.

SANS-GÈNE, 1/2 s. N. — H. N.
B. 1896. — Normandie.
Par *Hercule-Normand*, 1/2 s. N., et *N.*, par Cherbourg,
1/2 s. N.
Lamballe : depuis 1900.

SAUJON, ex-**ECLAT**, 1/2 s. Char. — H. N.
Al. 1896. — Charente-Inférieure.
Par *Géronte*, 1/2 s. N., et *Marquise*, par Vinaigre, 1/2 s. N.
Sa grand'mère : par Prétendu, 1/2 s. N.
Hennebont : depuis 1900.

SBIRE, ex-**SIROCO**, 1/2 s. N. — H. N.
B. 1896. — Normandie.
Par *Kaschmyr*, 1/2 s. N., et *N.*, par Vidi, 1/2 s. N.
Lamballe : 1900-1904. — Réformé le 30 août.

SEDGEFORD-AMBITION, 1/2 s. A. — H. N.
Al. 1892. — Angleterre.
Par *Vigourous*, 1/2 s. A., et *Chance*, par Ambition, 1/2 s. A.
Hennebont : depuis 1896.

SENSATION, 1/2 s. A. — H. N.
Al. 1887. — Angleterre.
Par *Confidence*, 1/2 s. A., et *May-Flower*, par Lord-Derby,
1/2 s. A.
Hennebont : depuis 1893.

SHÉRIF, 1/2 s. V. — H. N.
Al. 1896. — Vendée.
Par *Gascon*, 1/2 s. V., et *Fauvette*, par Dessalines, 1/2 s. N.
Sa grand'mère : par Glaneur, P. S. A.
Hennebont : 1900-1905. — Réformé le 12 août.

SILVER-SQUIRE, 1/2 s. Norf.-A. — H. N.
Al. 1897. — Angleterre.
Hennebont : 1901-1902. — Mort le 3 mai.

SIR-JASPER, 1/2 s. Norf.-A. — H. N.
Al. 1901. — Angleterre.
Origine anglaise.
Lamballe : depuis 1905.

SOLIMAN, 1/2 s. N. — H. N.
Al. 1896. — Normandie.
Par *James-Watt*, 1/2 s. N., et *N.*, par Cherbourg, 1/2 s. N.
Lamballe : depuis 1900.

SOUVENIR, 1/2 s. V. — H. N.
Al. 1896. — Vendée.
Par *Négus*, 1/2 s. N., et *N.*, par Arcole, 1/2 s. N.
Lamballe : depuis 1900.

SPHINX, 1/2 s. N. — H. N.
Al. 1896. — Normandie.
Par *James-Watt*, 1/2 s. N., et *N.*, par Barrabas, 1/2 s. N.
Lamballe : depuis 1900.

STAR-OF-SEDGEFORD, 1/2 s. A. — H. N.
Ro. 1893. — Angleterre.
Par *Star-of-Marley*, 1/2 s. A., et *Lady-Margaret*, 1/2 s. A.,
par Vigorous, 1/2 s. A.
(No 5414 du Stud Book des Hackneys),
Le Pin : 1897. — Hennebont : depuis 1898

STENTOR, ex-**STUART**, 1/2 s. N. — H. N.
B. 1896. — Calvados.
Par *Malaga*, 1/2 s. N., et *Florence*, par Président, 1/2 s. N.
Sa grand'mère : par Wild-Bird, P. S. A.
Sa bisaïeule : par Uzel, 1/2 s. N.
Hennebont : 1900-1901. — Réformé le 16 août.

SUCCESSEUR, 1/2 s. N. — H. N.
N. 1896. — Orne.
Par *Hercule-Normand*, 1/2 s. N., et *Mademoiselle-du-Hamel*,
par Hérode, 1/2 s. N.

Sa grand'mère : Jeannette, par Edimbourg, 1/2 s. N.
Sa bisaïeule : par Niger, 1/2 s. N.
Hennebont : 1903-1904. — Réformé le 18 août.

SULLY, 1/2 s. V. — H. N.
Ro. 1896. — Vendée.
Par *Hérode*, 1/2 s. N., et *Unique*, par Romuald, 1/2 s. V.
Sa grand'mère : par John-Bull, 1/2 s. N.
Hennebont : depuis 1900.

TARAUD, 1/2 s. N. — H. N.
B. 1897. — Manche.
Par *Othon*, 1/2 s. N., et *Pastille*, par Kurde, 1/2 s. N.

Sa grand'mère : par Ulm, 1/2 s. N.
Sa bisaïeule : par Shamrock, 1/2 s. A.
Hennebont : 1901-1902. — Réformé le 16 août.

THE GENERAL, 1/2 s. Norf.-A. — H. N.
Ro. 1879. — Angleterre.
Par *Lamplighter*, 1/2 s. A., et une 1/2 s. A.
Lamballe : 1884-1905. — Réformé le 1er avril.

THYM, 1/2 s. N. — H. N.
B. 1897. — Orne.
Par *Nabucho*, 1/2 s. N., et *Urseline*, par Pharaon, 1/2 s. N.
Sa grand'mère : par Esculape, 1/2 s. N.
Hennebont : depuis 1901.

TIBÈRE, 1/2 s. N. — H. N.
B. 1897. — Manche.
Par *Malaga*, 1/2 s. N., et *Rapide*, par Siroc, 1/2 s. N.

Sa grand'mère : par Ray-Grass, 1/2 s. N.
Sa bisaïeule : par Uzerche, 1/2 s. N.
Hennebont : 1901. — Réformé le 16 août.

TOCSIN, 1/2 s. N. — H. N.
Al. 1897. — Manche.
Par *Jean-de-Nivelle*, 1/2 s. N., et *Fougerette*, par Shamrock,
1/2 s. A.
Sa grand'mère : par Macouba, 1/2 s. N.
Sa bisaïeule : par Roustan, 1/2 s. N. (approuvé).
Hennebont : depuis 1901.

TORPILLEUR, 1/2 s. N. — H. N.
Al. 1897. — Calvados.
Par *Fuschia*, 1/2 s. N., et *Jahel*, par Phaëton, 1/2 s. N.
Sa grand'mère : par Normand, 1/2 s. N.
Lamballe : depuis 1902.

TOULON, 1/2 s. N. — H. N.
B. 1897. — Orne.
Par *James-Wat*, 1/2 s. N., et *Mancelle*, par Edimbourg, 1/2 s. N.
Sa grand'mère : Sybille, par Quiclet, 1/2 s. N.
Sa bisaïeule : par Gall ou Oméga, 1/2 s. N.
Lamballe : depuis 1901.

TOURCOING, 1/2 s. N. — H. N.
B. 1897. — Seine-Inférieure.
Par *Mahomet*, 1/2 s. N., et *Jenny-Lind*, par Phaëton, 1/2 s. N.
Sa grand'mère : La Clarance, par Hospodar, 1/2 s. N.
Hennebont : depuis 1901.

TRACY, 1/2 s. N. — H. N.
B. 1897. — Calvados.
Par *Luron*, 1/2 s. N., et *Pachée*, par Archibald, 1/2 s. N.
Sa grand'mère : par Courtomer, 1/2 s. N.
Sa bisaïeule : par Union-Jack, 1/2 s. N.
Hennebont : 1901-1905. — Mort le 7 mai

TRISTAN, 1/2 s. N. — H. N.
B. 1897. — Orne.
Par *James-Watt*, 1/2 s. N., et *Bluette*, par Quiclet, 1/2 s. N.
Sa grand'mère : Fleur-de-Genêt, par Gall, 1/2 s. N.
Sa bisaïeule : N., par Inkermann, 1/2 s. N.
Lamballe : depuis 1901.

TROCADÉRO, 1/2 s. N. — H. N.

Al. 1897. — Manche.

Par *Harley*, 1/2 s. N., et *Muscade*, par Fontenay, 1/2 s. N.

Sa grand'mère : par Egésippe, 1/2 s. N.
Sa bisaïeule : par Sir-Henry-Dimsdale, 1/2 s. A.
Sa trisaïeule : par Pégase, 1/2 s. N.
Sa quadrisaïeule : N., par Beaumanoir, 1/2 s. N. (approuvé).

Hennebont : depuis 1901.

TURENNE, 1/2 s. Char. — H. N.

Al. 1897. — Charente-Inférieure.

Par *Oudineau*, 1/2 s. N., et *Charentaise*, par Jadis, 1/2 s. V.

Sa grand'mère : N., par Decrescendo, 1/2 s. V.

Lamballe : depuis 1900.

TURLUTUTU, 1/2 s. N. — H. N.

N. 1897. — Calvados.

Par *Lucifer*, 1/2 s. N., et *Orphée*, par Harold, 1/2 s. N.

Sa grand'mère : par Laboureur, 1/2 s. N..

Hennebont : depuis 1901.

UHLAN II, ex-**UHLAN**, 1/2 s. N. — H. N.

B. 1898. — Manche.

Par *Harley*, 1/2 s. N., et *Ordonnance*, par Reynolds, 1/2 s. N.

Sa grand'mère : par Lavater, 1/2 s. N. (approuvé).
Sa bisaïeule : par Gabier, P. S. A.
Sa trisaïeule : par Hussein, 1/2 s. N.
Sa quadrisaïeule : N , par Ugolin, 1/2 s. N.

Hennebont : depuis 1902.

UKASE, 1/2 s. N. — H. N.

N. 1898. — Vendée.

Par *Sultan II*, P. S. A., et *Clairinette*, par Houdon, 1/2 s. V.

Lamballe : depuis 1902.

ULTRA ex-**UHLAN**, 1/2 s. V. — H. N.

B. 1898. — Vendée.

Par *Hérode*, 1/2 s. N., et *Charmille*, par Kapirat II, 1/2 s. N.

Sa grand'mère : par Hargneux, 1/2 s. N.

Hennebont : 1902-1904. — Réformé le 18 août

ULYSSE, 1/2 s. V. — H. N.
B. 1898. — Loire-Inférieure.
Par *Pompignac*, 1/2 s. N., et *Lili*, par Arcole, 1/2 s. **N.**
Sa grand'mère : par Nique, 1/2 s. N.
Sa bisaïeule : N., par Ravissant, 1/2 s. **N.**

Hennebont : depuis 1902.

UN, 1/2 s. N. — **H. N.**
Al. 1898. — Orne.
Par *Iambe*, 1/2 s. N., et *Belle-de-Jour*, par Terme, 1/2 s. **N.**
Sa grand'mère : par Jacquard, 1/2 s. N.
Sa bisaïeule : par Black-Eyes, P. S. **A.**

Hennebont : depuis 1902.

UN-A-UN, 1/2 s. V. — H. N.
B. 1898. — Vendée.
Par *Paysan*, 1/2 s. V., et *Surprise*, par Horritz, 1/2 s. N.
Sa grand'mère : par Farmer's-Glory, 1/2 s. A.

Lamballe : depuis 1902.

UNIFORME, 1/2 s. N. — H. N.
Gr. 1898. — Orne.
Par *Narcisse*, 1/2 s. N., et *Nina*, par Norfolk-Trotter, 1/2 s. A.

Lamballe : depuis 1902.

UN-PEU, ex-**UNAU**, 1/2 s. N. — H. N.
N. 1898. — Manche.
Par *Kronstadt* 1/2 s. N., et *Bizerte*, par Jagellon, 1/2 s. N.

Hennebont : 1902-1904. — Réformé le 29 décembre.

URBAIN, 1/2 s. N. — H. N.
B. 1898. — Orne.
Par *Mandarin*, 1/2 s. N. (approuvé), et *Philippine*, par Cherbourg,
1/2 s. N.
Sa grand'mère : N., par Niger, 1/2 s. N.

Lamballe : depuis 1903.

UTILE II, ex-**UTILE**, 1/2 s. N. — H. N.

Al. 1898. — Calvados.

Par *Harley*, 1/2 s. N., et *Nacelle*, par Etendard, 1/2 s. N.

Sa grand'mère : N., par Niger, 1/2 s. N.
Sa bisaïeule : N., par Conquérant, 1/2 s. N.

Lamballe : depuis 1902.

UTILE III, ex-**UTILE**, 1/2 s. N. — H. N.

B. 1898. — Calvados.

Par *Pompéi*, 1/2 s. N., et *Emeraude*, par Normand, 1/2 s. N.

Sa grand'mère : N., par Y., 1/2 s. N.

Lamballe : 1905. — Réformé le 19 août.

VADOR, ex-**PICADOR**, 1/2 s. Char. — H. N.

B. 1899. — Charente-Inférieure.

Par *Obligeant*, 1/2 s. N., et *Lisette*, par Tatius, 1/2 s. Char.

Sa grand'mère : par Quatre-Temps, 1/2 s. N.

Hennebont : depuis 1903.

VAINQUEUR, 1/2 s. Char. — H. N.

B. 1899. — Charente-Inférieure.

Par *Mercure*, 1/2 s. N., et *Pucette*, par César, 1/2 s. Char.

Sa grand'mère : par Avant-Garde, P. S. A.
Hennebont : depuis 1903.

VASSAL, 1/2 s. N. — H. N.

Al. 1899. — Orne.

Par *Quintal*, 1/2 s. N., et *Conférence*, par Usquebac, 1/2 s. N.

Sa grand'mère : par Noteur, 1/2 s. N.
Hennebont : depuis 1903.

VA-TOUT, 1/2 s. Char. — H. N.

Al. 1899. — Charente-Inférieure.

Par *Hiver*, 1/2 s. N., et *Coquette*, par Ultramontain, 1/2 s. N.
Hennebont : depuis 1903

VENGEONS, 1/2 s. N. — H. N.
B. 1899. — Calvados.
Par *Quasimodo*, 1/2 s. N., et *Espérance*, par Macouba, 1/2 s. N.
Sa grand'mère : Cocotte, par Calas, 1/2 s. N.
Lamballe : depuis 1903.

VERCIN, ex-**VERCINGÉTORIX**, 1/2 s. N. — H. N.
B. 1899. — Calvados.
Par *Papyrus*, 1/2 s. N., et *Rejane*, par Galba, 1/2 s. N.
Sa grand'mère : Hétaïre, par Tigris, 1/2 s. N.
Sa bisaïeule : par Kilomètre, 1/2 s. N.
Hennebont : 1903-1905. — Réformé le 12 août.

VERLY, ex-**VERTGALANT**, 1/2 s. N. — H. N.
B. 1899. — Sarthe.
Par *Iambe*, 1/2 s. N., et *Pâquerette*, par Cicéron II, 1/2 s. N.
Sa grand'mère : Libellule, par Phaëton, 1/2 s. N.
Sa bisaïeule : Camélia, P. S. A.
Lamballe : depuis 1903.

VERMIC, ex-**VERMEIL**, 1/2 s. N. — H. N.
B. 1899. — Manche.
Par *Follet*, 1/2 s. N., et *Coquette*, par Usuel, 1/2 s. N.
Sa grand'mère : Poulette, par Pater, 1/2 s. N.
Hennebont : depuis 1903.

VICOMTE-RAINDY, 1/2 s. Norf.-A. — H. N.
Bb. 1895. — Angleterre.
Par *Raindy*, 1/2 s. Norf.-A., et *Lady-Bessy*, 1/2 s. Norf.-A.
Lamballe : depuis 1899.

VILNA, 1/2 s. — H. N.
Al. 1883. — Cher.
Par *Péretz*, 1/2 s. R., et *Derskaya*, 1/2 s. R.
Hennebont : 1889-1900. — Mort le 26 novembre

VILO, ex-**VELO**, 1/2 s. Char. — H. N.
B. 1899. — Charente-Inférieure.
Par *Ouragan*, 1/2 s. N., et *Mademoiselle-du-Plateau*,
par Amadis II.
Hennebont : 1903-1905. — Réformé le 12 août.

VIROFLAY, 1/2 s. N. — H. N.
B. 1899. — Sarthe.
Par *Juvigny*, 1/2 s. N., et *Pâquerette*, par Koping,
1/2 s. N.
Sa grand'mère : Gabrielle, par Séducteur, 1/2 s. N.
Sa bisaïeule : par Galion, 1/2 s. N.
Hennebont : depuis 1903.

VIVEUR, 1/2 s. N. — H. N.
Al. 1899. — Calvados.
Par *Gérarmer*, 1/2 s. N., et *Coquette*, par Viveur, 1/2 s. N.
Lamballe : depuis 1903.

WALDEN-DANEGELT, 1/2 s. Norf.-A. — H. N.
Al. 1901. — Angleterre.
Hennebont : depuis 1905.

WALPOLE-CANDIDATE, 1/2 s. Norf.-A. — H. N.
Al. 1894. — Angleterre.
Par *Black-Perfection* et *Giddy-Girl*, par Confidence,
1/2 s. Norf.-A.
Hennebont : depuis 1902.

WEST-NORFOLK-SQUIRE, 1/2 s. Norf.-A. — H. N.
Ro. 1886. — Angleterre.
Par *Confidence*, 1/2 s. Norf.-A., et une fille de Quick-Silver,
1/2 s. Norf.-A.
Lamballe : 1891-1901. — Réformé le 22 août.

WINDLE-SWELL, 1/2 s. Norf.-A. — H. N.
B. 1901. — Angleterre.
Origine anglaise.
Lamballe : depuis 1905.

WISDOM, 1/2 s. Norf.-A. — H. N.
Al. 1892. — Angleterre.
Par *Danegelt*, 1/2 s. Norf.-A., et *Wood-Violet*, 1/2 s. Norf.-A.
Lamballe : 1896-1902. — Réformé le 21 août.

WOODNUT, 1/2 s. Norf.-A. — H. N.
Aub. 1888. — Angleterre.
Par *Vigorous*, 1/2 s. Norf.-A., et *Wood-Nymph*, 1/2 s. Norf.-A.,
par Reality, 1/2 s. Norf.-A.
Inscrit au S. B. des Hackneys nº 3393.
Lamballe : 1893-1902. — Réformé le 21 août.

YORKSHIRE-RELISH, 1/2 s. Norf.-A. — H. N.
B. 1897. — Angleterre.
Par *Ganymède*, 1/2 s. Norf.-A., et une fille de Monarch,
1/2 s. Norf.-A.
Hennebont : depuis 1903.

3°

ÉTALONS DE PUR SANG

Ayant fait la monte dans les circonscriptions d'Hennebont
et de Lamballe.

ÉTALONS DE PUR SANG

Ayant fait la monte dans les circonscriptions d'Hennebont
et de Lamballe.

———

ACHILLE, P. S. A. (approuvé)   S.B.F., t. XI, p. 1.
M. le duc de Feltre (Côtes-du-Nord).
B. 1886. — France.
Par *Tristan* et *Aurore*, par Plutus.
Lamballe : depuis 1891.

ARDENT II, P. S. A.   S.B.F., t. XII. p. 133.
H. N.
B. 1894. — France.
Par *Soliman* et *Ardente*, par Vertugadin.
Lamballe : depuis 1898.

BOU-HADJAR, P. S. A. (approuvé).   S.B.F., t. XII. p. 298.
Cte du Pontavice (Ille-et-Vilaine).
Al. 1895. — France.
Par *Rueil* et *Figurante*, par Springfield.
Hennebont : 1899-1904.

CARABINERO, P. S. A. (approuvé)   S.B.F., t. XI, p. 306.
Mis de Pleuc (Finistère).
B. 1891. — France.
Par *Perplexe* et *Lord-Clifden mare*.
Hennebont : 1898-1901.

CHÉRIF, P. S. A.   S.B.F., t. XI, p. 7.
H. N.
Al. 1885. — France.
Par *Saltéador* et *Queen-of-the-Chase*, par Blair-Athol.
Lamballe : 1892-1900. — Castré.

COQ-DE-FERCOQ, P. S. A. (approuvé). S.B.F., t.XIII, p. 451.
Duc de Feltre (Côtes-du-Nord).
B. 1901. — France.
Par *Achille* et *Helyette*, par Maskelyne.
Lamballe : depuis 1905.

ÉGLANTIER, P. S. A.   S.B.F., t. XI, p. 418.
H. N.
Bb. 1891. — Orne.
Par *Julius-Cœsar* et *Rosa*, par Guy-Dayrell.
Lamballe : 1898-1904. — Réformé le 30 août.

S.B.F., t. XII, p. 319.
FAC-SIMILE, ex-**PUTANGES**, P. S. A.
H. N.
B. 1894. — Orne.
Par *The Condor* et *Fraxinelle*, par Fleuret.
Hennebont : 1900-1903. — Réformé le 17 mars 1904.

FAUTLESS, P. S. A. (approuvé).   S.B.F., t. X, p. 159.
Cte du Pontavice (Ille-et-Vilaine).
B. 1891. — France.
Par *Retreat* et *Fifine*, par Isonomy.
Hennebont : 1899-1902.

IMPERATOR, P. S. A.   S.B.F., t. XII, p. 26.
H. N.
B. 1892. — France.
Par *Manoël* et *Italian-Queen*, par King-Tom.
Hennebont : 1898-1903. — Mort.

LE PIÉGEUR, P. S. A.   S.B.F., t. VIII, p. 21.
H. N.
B. 1879. — France.
Par *Don-Carlos* et *Nichette*, par Beauvais.
Hennebont : 1898-1899. — Mort le 15 décembre.

LE RAKOS, P. S. A.   S.B.F., t. X, p. 123.
H. N.
Al. 1889. — Manche.
Par *Atlantic* et *Czardas*, par Kisber.
Lamballe : 1895-1904. — Réformé le 9 août.

LE VOLGA, P. S. A. (approuvé)   S.B.F., t. X, p. 88.
Mis de Pleuc (Finistère).
Al. 1891. — France.
Par *Xaintrailles* et *Blue-Winny*, par Parmesan.
Hennebont : depuis 1897.

LORIENT, P. S. A.   S.B.F., t. XII, p. 407.
H. N.
Al. 1896. — Calvados.
Par *Monarque* et *Lady-Elsie*, par Sterling.
Hennebont : depuis 1902.

MÉDIUM, P. S. A. (approuvé).   S.B.F., t. X, p. 273.
Prince Murat (Ille-et-Vilaine).
B. 1890. — France.
Par *Maskelyne* et *Miss-Cecil*, par Don-Carlos.
Hennebont : 1895-1898.

MESNIDOT, P. S. A.   S.B.F., t. XI, p. 405.
H. N.
Al. 1892. — Manche.
Par *Magician* et *Régane*, par Vertugadin.
Lamballe : 1898-1905. — Passé dans la circonscription de Pau.

MIMULUS, P. S. A. (approuvé).   S.B.F., t. VIII, p. 606.
Cte du Pontavice (Ille-et-Vilaine).
B. 1885. — France.
Par *Beaurepaire* et *Mélusine*, ex-*Mitraille*, par Le Mandarin.
Hennebont : 1891-1898.

NÉZIB, P. S. A.-Ar.   S.B.F., t. VIII, p. 24.
H. N.
B. 1882. — France.
Par *Nassim*, P. S. Ar., et *Florine*, P. S. A.-Ar., par Ceylon,
P. S. A.
Hennebont : 1886-1902. — Réformé le 26 juillet.

OUDON, P. S. A. (approuvé).   S.B.F.,t. X, p. 298.
Cte de Lambilly (Morbihan).
B. 1890. — France.
Par *Bruce* et *Opportune*, par Vertugadin.
Le Pin : 1897-1898.
Hennebont : 1899-1904.

PATRIOTE, P. S. A.   S.B.F., t. XI, p. 377.
H. N.
Al. 1893. — Hautes-Pyrénées.
Par *Grandmaster* et *Parabole*, par Albion.
Hennebont: depuis 1897.

QUINEVILLE, P. S. A.   S.B.F., t. XII, p. 139.
H. N.
Al. 1894. — Manche.
Par *Puchero* et *Athalie*, par Caterer.
Hennebont : depuis 1900.

ROSTRENEN, P. S. A.   S.B.F., t. XI. p. 28.
H. N.
Al. 1882. — France.
Par *Montargis* et *Rosita*, par Florin.
Lamballe : 1893-1899. — Passé au dépôt de La Roche-sur-Yon.

ROTHENEUF, P. S. A.   S.B.F., t. XIII p. 732.
H. N.
B. 1898. — France.
Par *Krakatoa* et *Rio-Acha*, par Bruce.
Lamballe : 1903-1905. — Passé à Tarbes le 16 décembre.

SANS-NOM, P. S. A. (approuvé).   S.B.F., t. XI, p. 29.
M. le duc de Feltre (Côtes-du-Nord).
Al. 1886. — France.
Par *Tristan* et *Beauty*, par Knowsley.
Lamballe : 1892-1905. — Mort le 31 juillet.

SÉLIM II, P. S. A.   S.B.F., t. IX, p. 367.
H. N.
Al. 1889. — France.
Par *Bruce* et *Souveraine*, par Salvator.
Hennebont : depuis 1895.

SPOSO, P. S. A.   S.B.F.. t. IX, p. 35.
H. N.
B. 1883. — France.
Par *Plutus* et *Promise*, par Monarque.
Lamballe : 1888-1903. — Mort.

TANCARVILLE, P. S. A.   S.B.F., t. XII, p. 444.
H. N.
B. 1895. — France.
Par *The Condor* et *Liria*, par Flageolet.
Lamballe : depuis 1901.

TIPSY, ex-**GOURGON**, P. S. A.   S.B.F., t. X, p. 201.
(approuvé).
Mis de Pleuc (Finistère).
Al. 1890. — France.
Par *Pepper-and-Salt* et *Nightgown*, par Blue-Gown.
Hennebont : depuis 1898.

UZER, P. S. A.   S.B.F., t. XI, p. 462.
H. N.
Al. 1893. — Hautes-Pyrénées.
Par *Grandmaster* et *Ultima*, par Flageolet.
Hennebont : 1897-1901. — Réformé le 16 août.

VERTUMNE, P. S. A.   S.B.F, t. XIII. p. 834.
H. N.
Al. 1900. — France.
Par *Galéazzo* et *Vernal*, par Springfield.
Lamballe : depuis 1905.

WINNIPEG, P. S. A.   S.B.F., t. XIII, p.853.
H. N.
Al. 1899. — Calvados.
Par *Omnium II* et *Whist*, par Tristan.
Hennebont : depuis 1904.

YOUNG-PLUTUS, P. S. A.   S.B.F., t. XI, p. 97.
(approuvé).
M. le duc de Feltre (Côtes-du-Nord).
Al. 1891. — France.
Par *Plutus* et *Aurore*, par Plutus.
Lamballe : 1895-1899.

TABLE ALPHABETIQUE

TABLE ALPHABÉTIQUE

ERRATA

Page 23, ligne 27. Lire *Lord-Randy*, 1/2 s. Norf.-A., au lieu de *Lord-Randy*, 1/2 s. Norf.-B.

Page 28, ligne 19. Lire *Denmark-Vigorous* au lieu de *Dennemark-Vigorous*.

Page 30, ligne 4. Lire *Montmirail*, 1/2 s. N., au lieu de *Montmirail*, 1/2 s. Norf.-B.

Page 33, ligne 19. Lire *The General*, 1/2 s. Norf.-A., au lieu de *The General*, 1/2 s. Norf.-N.

Page 35, ligne 9. Lire *Weigton-Merry-Legs*, 1/2 s. Norf.-A., au lieu de *Weigton-Merry-Legs*, 1/2 s. Norf.

Page 43, ligne 17. Lire *Grain-d'Or*, P. S. Ar., au lieu de P. S. A.

Page 43, ligne 30. Lire *Naontec* au lieu de *Naontee*.

Page 45, ligne 3. Lire *The General*, 1/2 s. Norf.-A., au lieu de *The General*, 1/2 s. Norf.

Page 50, ligne 21. Lire *Lophofor* au lieu de *Lophofore*.

Page 58, ligne 30. Lire *Salses*, 1/2 s. N., au lieu de *Salses*, 1/2 s. Norf.-B.

Page 76, ligne 3. Lire *Chocolate-Junior* au lieu de *Chocolat-Junior*.

Page 81, ligne 6. Lire *Inkermann* au lieu de *Inkerman*.

Page 85, ligne 1. Lire *Langton-Duke-of-Connaught* au lieu de *Langton-Duk-of-Connaught*.

Page 86, ligne 14. Lire *Paragon* au lieu de *Paranyon*.

Page 86, ligne 14. Lire *Ophelia II* au lieu de *Opelia II*.

Page 86, ligne 15. Lire *Hawkestone* au lieu de *Hawstone*.

Page 86, ligne 16. Lire 3154 au lieu de 3249.

Page 87, ligne 1. Lire *Magicien* au lieu de *Macicien*.

Page 97, ligne 3. Lire *Lord-Dervent II* au lieu de *Loud-Dervent 11*.

Société anonyme de l'imprimerie Kugelmann (L. Cadot, directeur),
12, rue de la Grange-Batelière, Paris.

STUD BOOK FRANÇAIS

REGISTRE

DES

CHEVAUX DE DEMI-SANG

NÉS ET IMPORTÉS EN FRANCE

Publié par ordre de M. le Ministre de l'Agriculture

SECTION BRETONNE

TOME II — ÉTALONS

(1891-1898)

Prix : 3 Francs

PARIS

EN VENTE CHEZ J. KUGELMANN

12, rue de la Grange-Batelière, 12

1898

STUD BOOK FRANÇAIS

REGISTRE

DES

CHEVAUX DE DEMI-SANG

NÉS ET IMPORTÉS EN FRANCE

Publié par ordre de M. le Ministre de l'Agriculture.

SECTION BRETONNE

TOME III. — ÉTALONS

(1898-1905)

Prix : 3 Francs

PARIS

EN VENTE A L'IMPRIMERIE KUGELMANN

12, Rue de la Grange-Batelière, 12

1906

Reproduction interdite.

www.ingramcontent.com/pod-product-compliance
Ingram Content Group UK Ltd.
Pitfield, Milton Keynes, MK11 3LW, UK
UKHW022043070726
13613UKWH00002B/655